Java Web应用开发模块化案例教程

王晓燕 ▣ 主　编

陈瑞芳　马丽洁　高殿杰　张兴飞 ▣ 副主编

清華大學出版社

北　京

内容简介

本书分为Java Web开发环境的搭建、JSP技术、Servlet技术、JavaBean技术、JDBC技术、EL与JSTL技术、MVC开发模式七个模块。本书将Java Web开发中的基本技术合理地分解到各任务中，每个任务的设计和实现按照"任务描述→知识储备→任务实施→任务小结"的顺序展开，符合高职学生的认知规律和职业技能的形成规律。本书适用于项目教学和理论、实践一体化教学，融"教与练"于一体，强化技能训练，帮助读者在动手实践的过程中，学会如何应用所学知识解决实际问题。

本书既可作为高职高专计算机应用技术、软件技术、计算机网络技术、大数据技术等专业的教材，也可作为Web技术开发人员的参考书。

图书在版编目（CIP）数据

Java Web应用开发模块化案例教程 / 王晓燕主编. -- 北京：清华大学出版社，2025. 1. -- ISBN 978-7-302-68166-3

Ⅰ. TP312. 8

中国国家版本馆CIP数据核字第2025U0R619号

责任编辑：孟毅新　孙汉林
封面设计：曹　来
责任校对：李　梅
责任印制：刘　菲

出版发行：清华大学出版社
网　　址：https://www.tup.com.cn，https://www.wqxuetang.com
地　　址：北京清华大学学研大厦A座　　**邮　　编**：100084
社 总 机：010-83470000　　**邮　　购**：010-62786544
投稿与读者服务：010-62776969，c-service@tup.tsinghua.edu.cn
质量反馈：010-62772015，zhiliang@tup.tsinghua.edu.cn
课件下载：https://www.tup.com.cn，010-83470410

印 装 者：三河市科茂嘉荣印务有限公司
经　　销：全国新华书店
开　　本：185mm×260mm　　**印　　张**：12　　**字　　数**：272千字
版　　次：2025年2月第1版　　**印　　次**：2025年2月第1次印刷
定　　价：46.00元

产品编号：105928-01

前　言

随着信息技术的飞速发展，网络Web应用已经渗入我们生活的方方面面。Java Web技术以其跨平台、安全性高、性能稳定等特点，成为Web应用开发领域的重要技术之一。为了满足市场对Java Web技术人才的需求，方便初学者系统地学习Java Web技术，我们编写了本书。

一、编写目的

本书旨在为广大初学者提供一本系统、全面、实用的Java Web应用开发教程。通过详细的案例分析和实践操作，读者能够深入理解Java Web技术的基本原理和核心知识，掌握Java Web应用开发的基本方法和技能。同时，本书也注重培养读者的动手能力和创新精神，帮助读者在实践中不断提升自己的编程技能和解决问题的能力。

二、主要内容

本书共包括七个模块，每个模块都围绕Java Web应用开发的核心技术展开，通过具体的任务，让读者在实践中学习和掌握相关知识。

模块一　Java Web开发环境的搭建，内容包括：Web程序相关技术、Java Web开发环境搭建、新建Maven Web项目。

模块二　JSP技术，内容包括：JSP及其页面结构、技术的相关语法、page指令、include指令、taglib指令、request对象、response对象、out对象、session对象、application对象以及JSP其他内置对象。

模块三　Servlet技术，内容包括：Servlet简介与相关接口、Servlet生命周期、Servlet中文乱码的处理、使用Servlet实现会话跟踪、Servlet的跳转和数据共享。

模块四　JavaBean技术，内容包括：JavaBean简介及应用、与JavaBean相关的标签、JavaBean的保存范围、JavaBean与HTML表单的交互。

模块五　JDBC技术，内容包括：JDBC概述及操作数据库的流程，JDBC相关接口描述，图书管理系统数据查询、添加、修改、删除操作。

模块六　EL与JSTL技术，内容包括：表达式语言(EL)和JSP标准标签库(JSTL)在Java Web应用中的使用、EL的基本语法和用法、JSTL的核心标签和自定义标签等。帮助读者了解如何在JSP页面中更简洁、更高效地展示数据和执行逻辑。

模块七　MVC 开发模式，内容包括：MVC 开发模式，图书管理系统需求分析及设计，图书管理系统相关工具类，图书管理系统 Dao 层的实现，图书管理系统首页、图书新增、图书数据显示、图书修改、图书删除功能的实现。

三、本书编写特点

本书在编写过程中，注重理论与实践相结合，采用“任务描述→知识储备→任务实施→任务小结”的编写方式，将 Java Web 开发中的基本技术合理地分解到各任务中。这种编写方式符合高职学生的认知规律和职业技能的形成规律，使读者能够在完成任务的过程中逐步掌握相关知识和技能。

此外，本书还注重培养读者的动手能力和创新精神，通过大量的案例分析和实践操作，让读者在动手实践的过程中学会如何应用所学知识解决实际问题。同时，本书也鼓励读者进行自主学习和探索，培养其创新思维和解决问题的能力。

四、适用范围与对象

本书既可作为高职高专计算机应用技术、软件技术、计算机网络技术、大数据技术等专业的教材，也可作为 Web 技术开发人员的参考书。

五、作者分工

本书由内蒙古电子信息职业技术学院王晓燕担任主编，内蒙古电子信息职业技术学院陈瑞芳、内蒙古电子信息职业技术学院马丽洁、东软教育集团有限公司高殿杰和内蒙古电子信息职业技术学院张兴飞担任副主编。在编写过程中，编写人员根据各自的专长和教学经验，分别负责不同模块和任务的编写与审核工作。通过团队合作和反复修改，确保了本书内容的准确性和实用性。书中涉及的源代码全部调试通过，能够正常运行。

由于编者水平有限，书中难免有不妥和疏漏之处，敬请各位读者提出宝贵意见。

编　者

2024 年 7 月

本书源代码

目录

模块一　Java Web 开发环境的搭建

本模块介绍开发 Java Web 应用程序所使用的技术结构，Java Web 应用开发所需要的应用服务器环境部署、开发环境搭建以及 Maven Web 程序的创建。

学习目标

(1) 了解 Web 应用开发技术。

(2) 掌握 Java Web 开发环境的搭建步骤。

(3) 掌握在 Maven 环境下如何开发 Java Web 程序。

素质目标

(1) 遵循认知规律，引导学生自主探索、动手实操，针对 Web 应用程序开发环境的安装与配置过程中出现的问题，培养学生解决问题的能力。

(2) 培养学生严谨的编程规范意识、团队协作的能力和工匠精神。

任务 1.1　Web 程序相关技术

任务描述

本任务要求学生系统了解 Web 程序开发的基础知识，包括 HTML、CSS、JavaScript 等前端技术，以及 Java、PHP、Python 等后端技术，使学生能够全面了解和掌握 Web 程序开发的核心技术，提高实践和创新能力。

知识储备

1. 静态网页技术和动态网页技术

随着互联网技术的发展，开发技术的不断更新，Web 页面经历了从 Web 1.0 到 Web 3.0 的发展历程。其中，Web 2.0 在本质上属于动态网页技术，Web 3.0 是网站内的信息可以直接和其他网站的相关信息进行交互，能通过第三方信息平台同时对多家网站的信息进行整合使用等。

1）静态网页技术

静态网页是指生成的网页内容是固定的，不会根据用户的操作或输入发生变化。静态网页通常由 HTML、CSS 和 JavaScript 等客户端脚本构成，具体介绍如下。

- HTML：HTML（超文本标记语言）是静态网页的基础，它提供了创建网页结构和内容的基本元素。
- CSS：CSS（层叠样式表）用于描述 HTML 元素在屏幕、纸张、音频设备等媒介上的呈现方式。
- JavaScript：JavaScript 是一种在浏览器端执行的脚本语言，可以用于改变 HTML 内容、HTML 元素的样式等。

静态网页的特点如下。

（1）每个静态网页都有一个固定的 URL，且以“.html”“.htm”等为后缀，不包含“?”。

（2）静态网页内容相对稳定。

（3）静态网页没有数据库的支撑，在网站的制作和维护方面工作量较大。

（4）静态网页的交互性比较差。

随着网络技术的发展，用户希望将数据和信息存储在后台数据库中，以一种简单的形式，用少量的 Web 页面实现对信息的发布和维护，这是静态网页无法实现的。

2）动态网页技术

动态网页技术可以根据用户的操作、输入或其他条件动态地改变网页内容。这通常涉及服务器端脚本、数据库等技术。

- 服务器端脚本：如 PHP、Python 的 Flask 或 Django 框架，JavaScript 的 Node.js 平台等，这些技术可以在服务器端执行代码，动态生成 HTML 内容。
- 数据库：动态网页通常会使用数据库存储和检索数据，以便在网页上显示。常见的数据库有 MySQL、PostgreSQL、MongoDB 等。

动态网页的优点是可以提供丰富的交互功能，根据用户需求展示不同的内容。与静态网页相比，缺点是其加载速度可能会稍慢，且编写和维护的难度较大。

2. Web 服务器端开发技术

Web 服务器端开发技术有很多种，以下是一些主要的开发技术及其详细介绍。

- Node.js：Node.js 是一个基于 Google Chrome V8 引擎的 JavaScript 运行环境。它不是一种语言，而是一种运行 JavaScript 的开发平台。得益于非阻塞 I/O 模型，Node.js 在处理高并发请求时表现出色，非常适用于实时应用程序。
- Python：Python 是一种通用编程语言，因其简洁易懂的语法和丰富的库而广受开发者欢迎。Flask 和 Django 是 Python 中常用的 Web 开发框架，提供了丰富的功能和工具，提高了 Web 开发效率。
- JSP：JSP（Java server pages）是 Sun 公司倡导、多家公司参与建立的动态 Web 技术标准。JSP 将 Java 语言作为程序设计的脚本语言，为整个服务器端的 Java 库提供一个接口，用于服务 Web 应用程序。JSP 技术不仅能很容易地整合到多种应用体系结构中，以利用现有的开发工具和编程技巧，而且可以扩展到能够支持企业级的分布式应用。由于JSP的内置脚本语言是Java,且所有的JSP页面都将被编译成Java Servlet文件,因此JSP具有Java技术所有的优点,包括跨平台性和安全性。

- PHP:PHP是一种服务器端脚本语言,特别适用于Web开发。它具有简单易学、高效灵活的特点,被广泛应用于构建动态网站和Web应用程序。
- Ruby on Rails:Ruby on Rails是一个全栈Web开发框架,由Ruby语言编写。它以约定优于配置的原则,简化了Web开发过程。

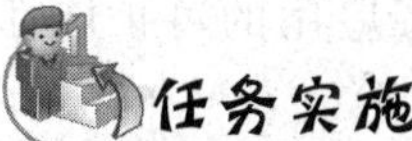

任务实施

通过查阅网络资源,完成以下任务,并撰写相关的文档笔记。

(1) 整理资料,阐述前端技术和后端技术在Web应用开发中扮演的角色。

(2) 做一个表格,列出Web页面从静态网页到动态网页的发展历程,以及各阶段Web网页的特点。

(3) 本任务"知识储备"列出了五种主要的Web服务器端开发技术,查找资料,进一步理解这五种技术。

任务小结

本任务通过学习Web程序相关的技术,培养读者利用信息手段搜集和下载资料的能力,并引导读者树立自主探索、资源共享的发展理念。

任务1.2　Java Web 开发环境搭建

任务描述

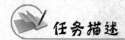

本任务通过下载和安装JDK、Tomcat、IntelliJ IDEA,在操作系统中对所需要的环境变量进行配置,搭建Java Web应用程序的开发环境。

知识储备

B/S(browser/server,浏览器/服务器)技术是一种基于Internet的网络结构模式,它大大减少了客户端软件的安装和维护工作。在这种结构中,用户通过浏览器进行访问和交互,而主要的业务逻辑在服务器端进行处理。

(1) 浏览器客户端。浏览器是B/S结构中的客户端部分,用户通过浏览器提交请求和接收服务器的响应。浏览器通过解析HTML、CSS和JavaScript等代码,呈现出丰富的用户界面和交互效果。

(2) 服务器端处理。服务器端接收来自浏览器的请求,进行相应的处理,然后返回结果给浏览器。服务器端可以利用各种编程语言和框架,如Java、Python、PHP等,处理业务逻辑、访问数据库、生成动态网页等。

(3) 通信协议。在 B/S 结构中,浏览器和服务器之间的通信通常使用 HTTP 或 HTTPS 协议。这些协议定义了浏览器和服务器之间的请求和响应格式,以及数据传输的方式。

(4) Web 应用。在 B/S 结构中,应用程序是以 Web 页面的形式呈现给用户的。用户通过浏览器访问这些页面,进行各种操作。这些页面可以由 HTML、CSS、JavaScript 等构成,也可以包含服务器端生成的动态内容。

总之,B/S 技术使 Web 应用的开发和维护更加简单,同时也提高了应用的可扩展性和可维护性。

任务实施

1. JDK 的下载、安装和配置

1) JDK 的下载

在浏览器地址栏中输入 Java 官网下载地址并按 Enter 键,进入 Java JDK 下载页面,如图 1-1 所示。

图 1-1 Java JDK 下载页面

单击"下载 Java"按钮,进入 JDK 版本选择页面,单击 Download Java 按钮,这里下载的是 JDK8 版本,如图 1-2 所示。

2) JDK 的安装

JDK 下载完成后,双击下载好的文件,弹出如图 1-3 所示窗口;勾选"更改目标文件夹"复选框,单击"安装"按钮,弹出如图 1-4 所示窗口;单击"更改"按钮,修改 JDK 安装目录,然后单击"下一步"按钮,弹出如图 1-5 所示窗口,代表已经完成 JDK 的安装。

3) JDK 的配置

安装完 JDK 后,需要配置环境变量。右击桌面上"此电脑"图标,在弹出的"系统信息"窗口中选择高级系统设置,弹出"系统属性"窗口,如图 1-6 所示。单击"环境变量"按

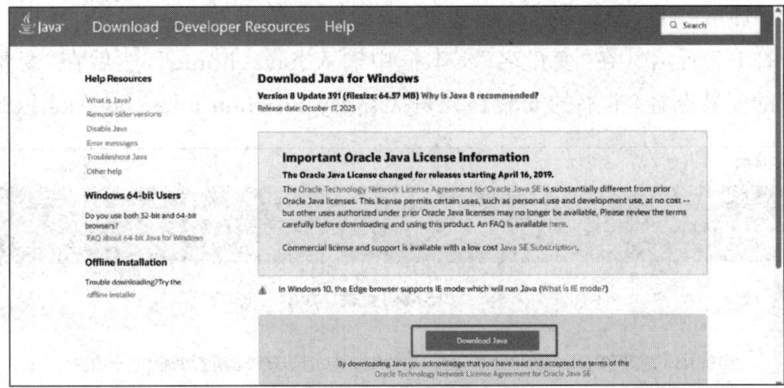

图 1-2 JDK8 下载页面

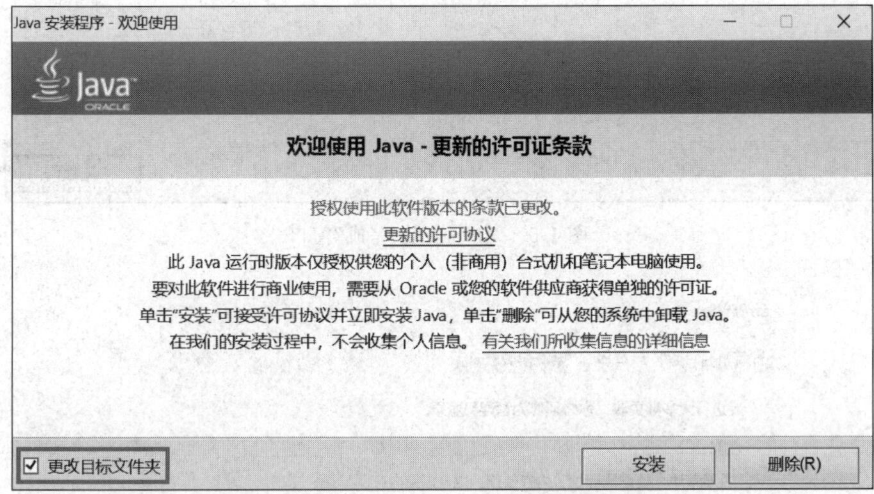

图 1-3 “Java 安装程序-欢迎使用”窗口

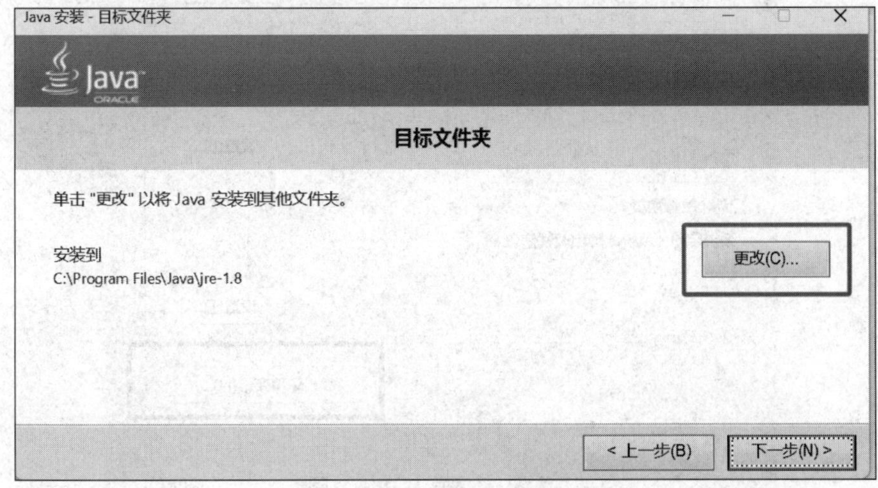

图 1-4 “Java 安装-目标文件夹”窗口

钮，在弹出的"环境变量"窗口的"系统变量"选项区中单击"新建"按钮，弹出"新建系统变量"窗口，如图 1-7 所示。在"变量名"文本框中输入"java_home"，然后在"变量值"文本框中输入 JDK 的安装路径(本书的安装路径是"C:\My Program Files\Java\jdk1.8.0_221")。

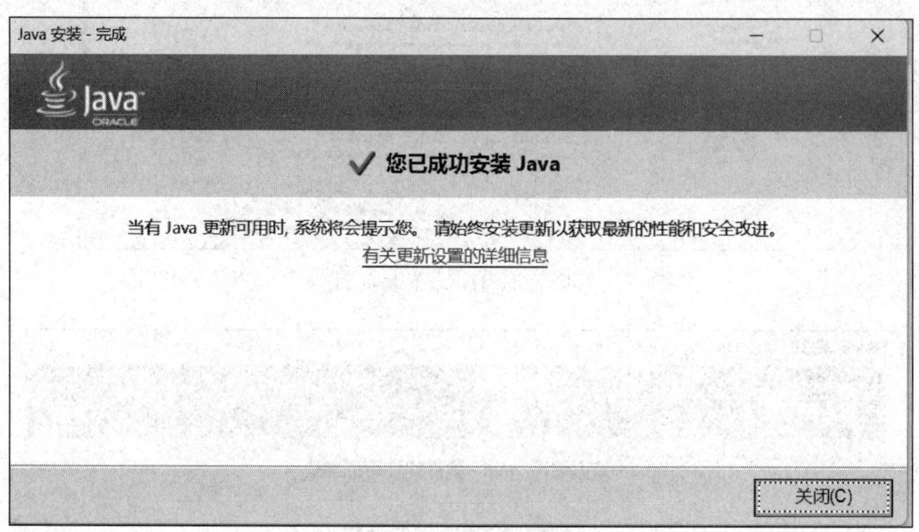

图 1-5 "Java 安装-完成"窗口

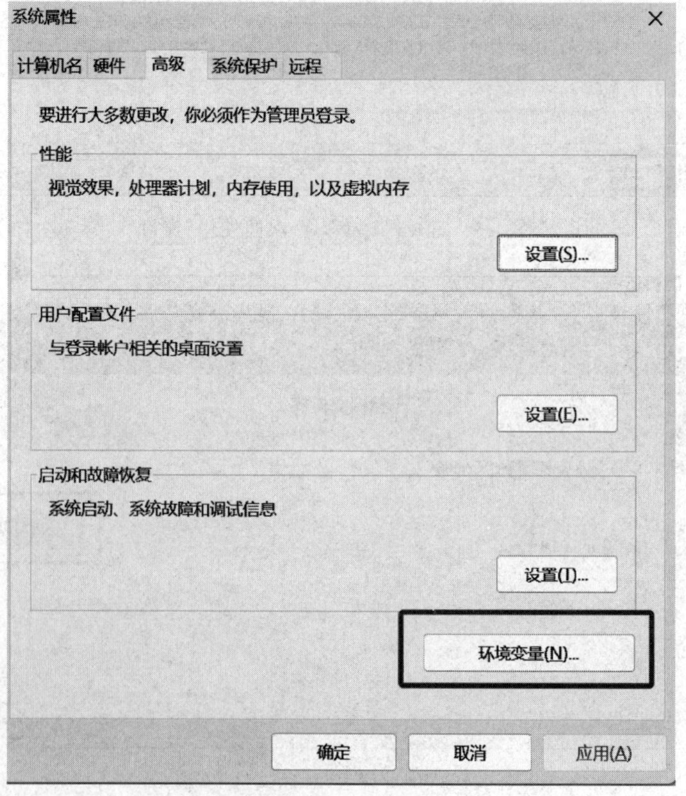

图 1-6 "系统属性"窗口

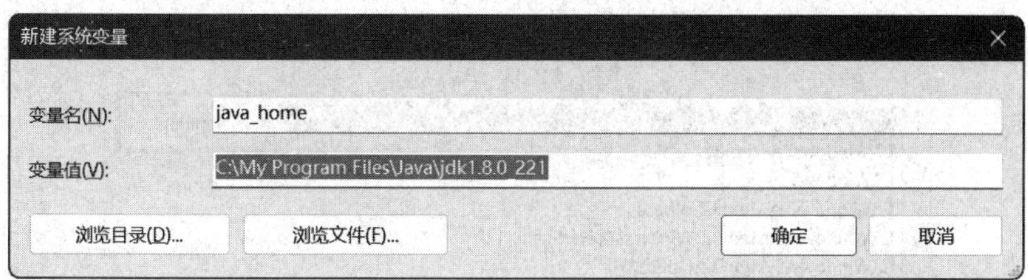

图 1-7　“新建系统变量”窗口

单击“确定”按钮后，回到“环境变量”窗口，如图 1-8 所示。选中系统变量 Path，单击“编辑”按钮，弹出“编辑环境变量”窗口，如图 1-9 所示。

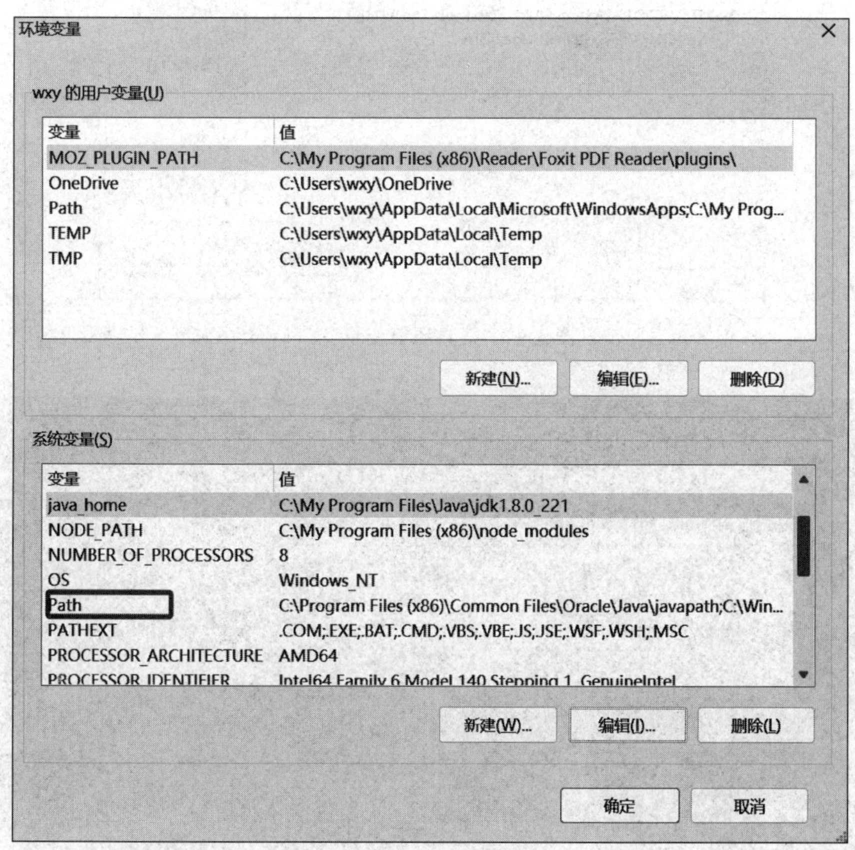

图 1-8　“环境变量”窗口

单击“新建”按钮，在文本框中输入“C:\My Program Files\Java\jdk1.8.0_221\bin”或者“%java_home%\bin”，单击“确定”按钮。

在系统变量中新建 classpath 变量(若已存在，直接编辑即可)，在窗口的“变量值”文本框中输入“.;%java_home%\lib;C%java_home%\lib\tools.jar”，单击“确定”按钮。

运行测试环境，按 Win+R 快捷键，打开“运行”窗口，在窗口中输入 cmd 后按 Enter 键，打开命令提示符窗口，输入 javac 后按 Enter 键，弹出如图 1-10 所示的帮助信息，说明环境变量配置成功。

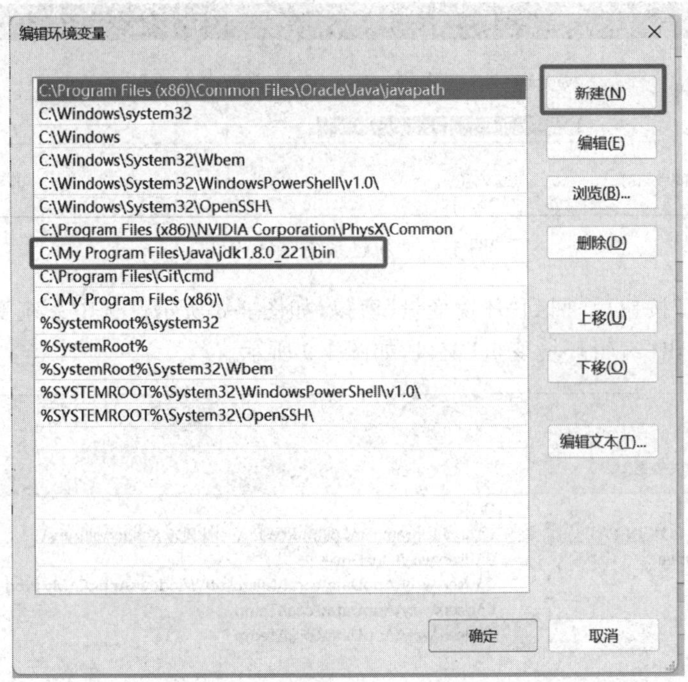

图 1-9 “编辑环境变量”窗口

```
C:\WINDOWS\system32\cmd.
用法: javac <options> <source files>
其中, 可能的选项包括:
  -g                         生成所有调试信息
  -g:none                    不生成任何调试信息
  -g:{lines,vars,source}     只生成某些调试信息
  -nowarn                    不生成任何警告
  -verbose                   输出有关编译器正在执行的操作的消息
  -deprecation               输出使用已过时的 API 的源位置
  -classpath <路径>            指定查找用户类文件和注释处理程序的位置
  -cp <路径>                   指定查找用户类文件和注释处理程序的位置
  -sourcepath <路径>           指定查找输入源文件的位置
  -bootclasspath <路径>        覆盖引导类文件的位置
  -extdirs <目录>              覆盖所安装扩展的位置
  -endorseddirs <目录>         覆盖签名的标准路径的位置
  -proc:{none,only}          控制是否执行注释处理和/或编译。
  -processor <class1>[,<class2>,<class3>...] 要运行的注释处理程序的名称; 绕过默认的搜索进程
  -processorpath <路径>        指定查找注释处理程序的位置
  -parameters                生成元数据以用于方法参数的反射
  -d <目录>                    指定放置生成的类文件的位置
  -s <目录>                    指定放置生成的源文件的位置
  -h <目录>                    指定放置生成的本机标头文件的位置
  -implicit:{none,class}     指定是否为隐式引用文件生成类文件
  -encoding <编码>             指定源文件使用的字符编码
  -source <发行版>              提供与指定发行版的源兼容性
  -target <发行版>              生成特定 VM 版本的类文件
  -profile <配置文件>            请确保使用的 API 在指定的配置文件中可用
  -version                   版本信息
  -help                      输出标准选项的提要
  -A关键字[=值]                  传递给注释处理程序的选项
  -X                         输出非标准选项的提要
```

图 1-10 帮助信息

2. Tomcat 的下载、安装和配置

Tomcat 是 Apache 软件基金会 Jakarta 项目中的一个核心项目，由 Apache、Sun 和其他一些公司及个人共同开发而成。本书选用的是目前较常用的版本 Tomcat 9.0。

1）Tomcat 的下载

访问 Tomcat 官方网站，进入 Tomcat 9.0 的下载页面。在下载页面选择适合自己操作系统的安装包。可以选择 Windows 系统的.zip 或.exe 文件，也可以选择 Linux 系统的.tar.gz 文件。

下载完成后，将压缩安装包解压到指定的目录。

2）Tomcat 的安装

Tomcat 的安装步骤如下。

（1）如果下载的是 Windows 系统的.exe 文件，则双击运行该文件，进入安装向导界面。单击 Next 按钮以继续。

（2）阅读并同意软件许可协议，选择 I Agree 选项，然后单击 Next 按钮。

（3）选择是否在服务中添加 Tomcat，可以选择默认选项（不添加），然后单击 Next 按钮。

（4）设置服务名、端口号和密码。可以使用默认设置，也可以根据自己的需要进行修改。注意，Shutdown 默认端口显示的－1，需要改成其他端口号，如 8005。设置完成后，单击 Next 按钮。

（5）系统会自动选择 Java 运行环境（JRE）的目录，但需要确保该目录是正确的。如果不是，需要手动选择正确的 JRE 路径。选择完成后，单击 Next 按钮。

（6）选择 Tomcat 的安装路径，可以选择默认路径或自定义路径。选择完成后，单击 Install 按钮开始安装。

（7）等待安装完成。安装完成后，单击 Finish 按钮退出安装向导。

3）Tomcat 的配置

Tomcat 环境变量按图 1-11 所示进行配置。

在浏览器的地址栏上输入 http://localhost:8080，如果出现如图 1-12 所示的界面，则表示 Tomcat 已经安装成功。

3. IntelliJ IDEA 的下载、安装和配置

IntelliJ IDEA 是用于 Java 语言开发的集成环境，也是目前业界公认的用于 Java 程序开发最好的工具。它包含许多强大的功能，如智能代码助手、代码自动提示、重构、JavaEE 支持、各类版本工具（git、svn 等）、JUnit 单元测试框架、CVS 整合、代码分析、创新的 GUI 设计等。此外，IntelliJ IDEA 也支持其他语言，如 HTML、CSS、PHP、MySQL、Python 等。

IntelliJ IDEA 具有以下特点。

（1）编码辅助：支持所有流行框架的.xml 文件的全提示。

（2）动态语法检测：任何不符合 Java 规范、自己预定义的规范的内容及其他冗余内容都将在页面中加亮显示。

（3）代码检查：对代码进行自动分析，检测不符合规范的、存在风险的代码，加亮显示。

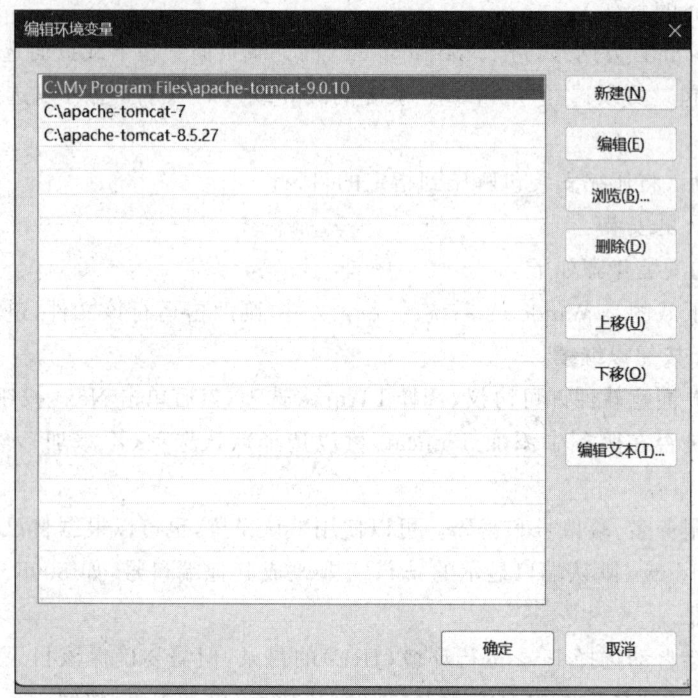

图 1-11　Tomcat 环境变量的配置信息

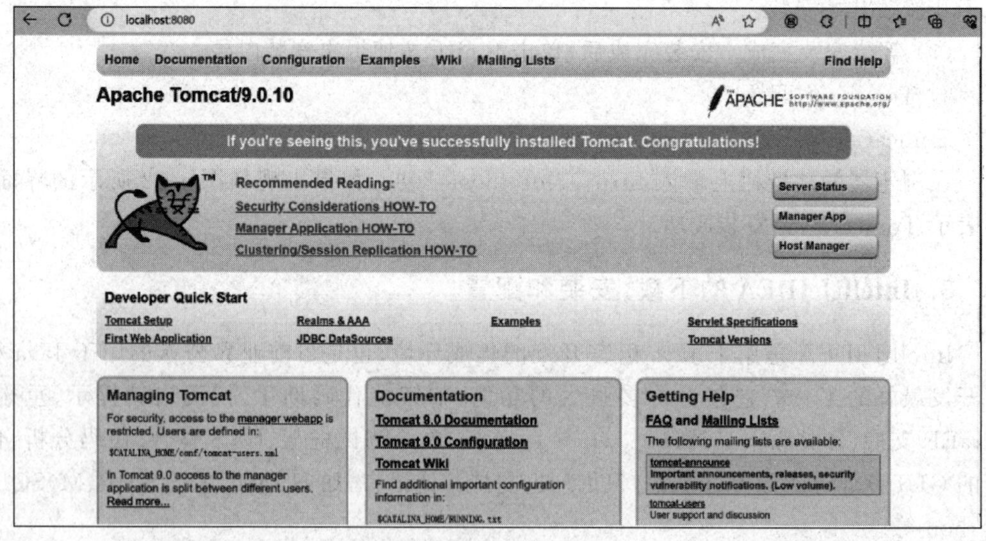

图 1-12　Tomcat 启动界面

(4) 智能编辑：在代码输入过程中，自动补充方法或类。

总的来说，IntelliJ IDEA 是一个功能强大的 Java 开发工具，可以提高开发效率，减少错误，是 Java 开发者的首选工具之一。以下是 IntelliJ IDEA 的下载、安装和配置步骤。

(1) 打开浏览器，访问 JetBrains 的官方网站，单击 Download 按钮，选择适合操作系统的版本进行下载。

(2) 下载完成后，找到下载的安装文件并双击运行，阅读并接受软件许可协议。默认情况下，IntelliJ IDEA 会安装到一个预设的位置，也可以选择自定义安装路径。在安装过程中，可以选择安装一些组件，如 Git 集成。选择“创建桌面快捷方式”选项，以便快速启动 IntelliJ IDEA。单击 Install 按钮开始安装，等待安装完成。

(3) 启动 IntelliJ IDEA。首次启动时，IntelliJ IDEA 可能会提示设置一些基本的配置，如导入之前的设置、选择主题等。

(4) 设置 JDK。确保已经安装了 Java Development Kit（JDK）。在 IntelliJ IDEA 中，可以通过 File| Settings| Build，Execution，Deployment|Compiler|Java Compiler 指定 JDK 的位置。

(5) 安装插件。根据需要，可以安装一些插件，如 Lombok 插件、Spring Boot 支持插件等，增强 IntelliJ IDEA 的功能。

(6) 配置项目模板。通过 File|New|Project Settings 配置新的项目模板，这样在创建新项目时可以更快地设置好环境。

任务小结

通过本任务的学习，我们了解了搭建 JavaWeb 开发环境的主要步骤和方法。首先是 JDK 的下载、安装和配置，确保能够在命令行中运行 Java 命令；接着是 Tomcat 的下载、安装和配置，建立一个稳定的 Web 应用服务器环境；最后是 IntelliJ IDEA 的下载、安装和配置，建立一个功能强大的 Java 集成开发环境。通过搭建完整的 Java Web 开发环境，可以更高效地进行 Java Web 应用程序的开发工作。同时，这也是 Java Web 开发者必备的基本技能之一。

任务 1.3　新建 Maven Web 项目

任务描述

(1) 使用 IntelliJ IDEA 和 Maven 创建一个普通的 Java Web 项目。

(2) 创建一个 JSP 页面，能够在页面上输出“Hello World!”。

知识储备

Maven 是一个基于项目对象模型(project object model，POM)的软件项目管理工具，主要用于 Java 项目的构建、依赖管理和文档生成。

项目构建：Maven 提供了一套标准化的项目构建流程，包括编译、测试、打包、部署等阶段。通过简单的命令，Maven 可以自动完成这些构建任务，提高开发效率。

依赖管理：Maven 使用中央仓库来存储 Java 项目所需的各种依赖(如 jar 包)，并通过 pom. xml 文件来管理这些依赖。这大大简化了 Java 项目的依赖管理过程，避免了手动导入和管理jar包的烦琐工作。

文档生成：Maven可以自动生成项目的文档，如API文档、测试报告等，方便项目成员查阅和了解项目状态。

Maven的生命周期包括三个阶段：clean、default和site。每个生命周期包含一系列有序的阶段(phase)，如clean生命周期包括pre-clean、clean和post-clean阶段，这些阶段共同构成了完整的项目构建过程。

以下是Maven的一些常用命令。

- mvn clean：清理上一次构建生成的文件。
- mvn compile：编译项目的源代码。
- mvn test：使用单元测试框架运行测试代码。
- mvn package：打包编译后的代码，生成jar、war或ear文件。
- mvn install：将打包后的文件安装到本地仓库，供其他项目使用。
- mvn deploy：将最终的包复制到远程的仓库，供其他开发人员和项目使用。

要在计算机中配置Maven，需要完成以下步骤。

(1) 安装Java JDK：Maven需要Java环境支持，因此首先需要安装Java JDK。确保安装的是JDK 1.8及以上版本。

(2) 下载并解压Maven压缩包：从Maven官方网站下载最新的Maven压缩包，并解压到合适的位置。

(3) 配置环境变量：将Maven的bin目录添加到系统的PATH环境变量中，以便在命令行中执行mvn命令。此外，还需要设置MAVEN_HOME环境变量，指向Maven的安装目录。

(4) 验证安装：打开命令行窗口，输入命令mvn -v或mvn -version，如果显示Maven的版本信息，则说明安装和配置成功。

(5) 配置本地仓库(可选)：默认情况下，Maven会在用户主目录下的.m2目录中创建本地仓库。如果需要更改本地仓库的位置，可以在Maven安装目录下的conf文件夹中编辑settings.xml文件，修改<localRepository>标签的路径。

(6) 配置代理(可选)：如果访问Internet需要使用代理服务器，那么还需要在settings.xml文件中配置代理服务器信息。在<proxies>标签下添加代理服务器的配置信息。

(7) 配置镜像(可选)：如果需要加速依赖下载或访问特定的远程仓库，可以在settings.xml文件中配置镜像。在<mirrors>标签下添加镜像的配置信息。

完成以上步骤后，就可以使用Maven来管理Java项目了。

任务实施

(1) 使用IntelliJ IDEA创建一个新的Maven项目。打开IntelliJ IDEA，单击New Project按钮(见图1-13)或者选择File|new|Project选项，在弹出的窗口中输入项目名称，其他选项保持默认，单击Finish按钮。

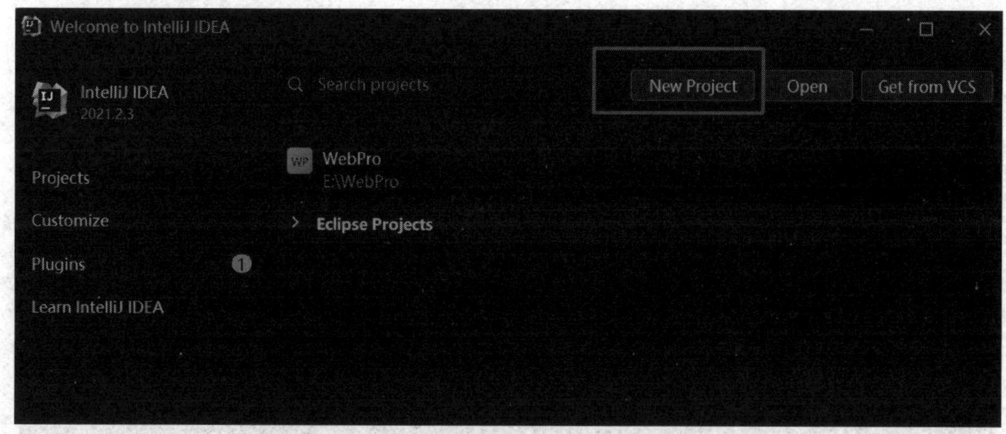

图 1-13　新建 Maven 项目

（2）在创建项目时，选择使用 Maven 的 webapp 模板，如图 1-14 所示，单击 Next 按钮，在弹出的窗口中填写项目名称（命名为 WebPro）和项目的存放路径以及 GroupiD，单击 Finish 按钮，如图 1-15 所示。

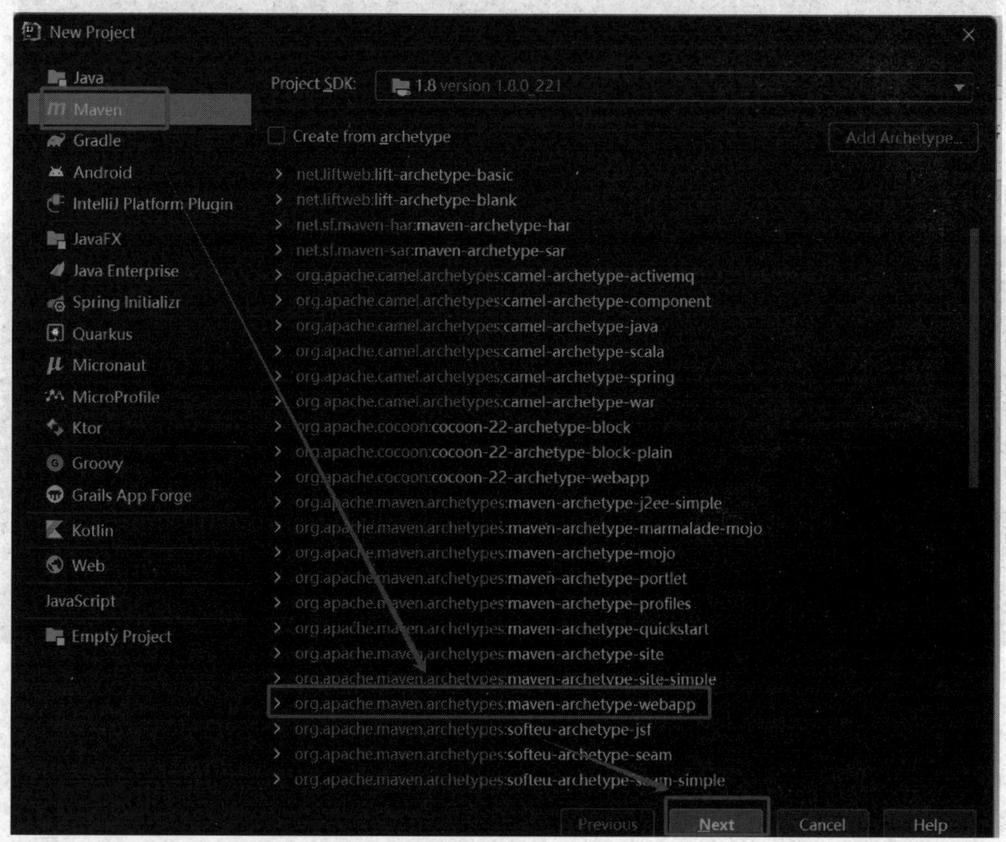

图 1-14　选择 Maven 模版

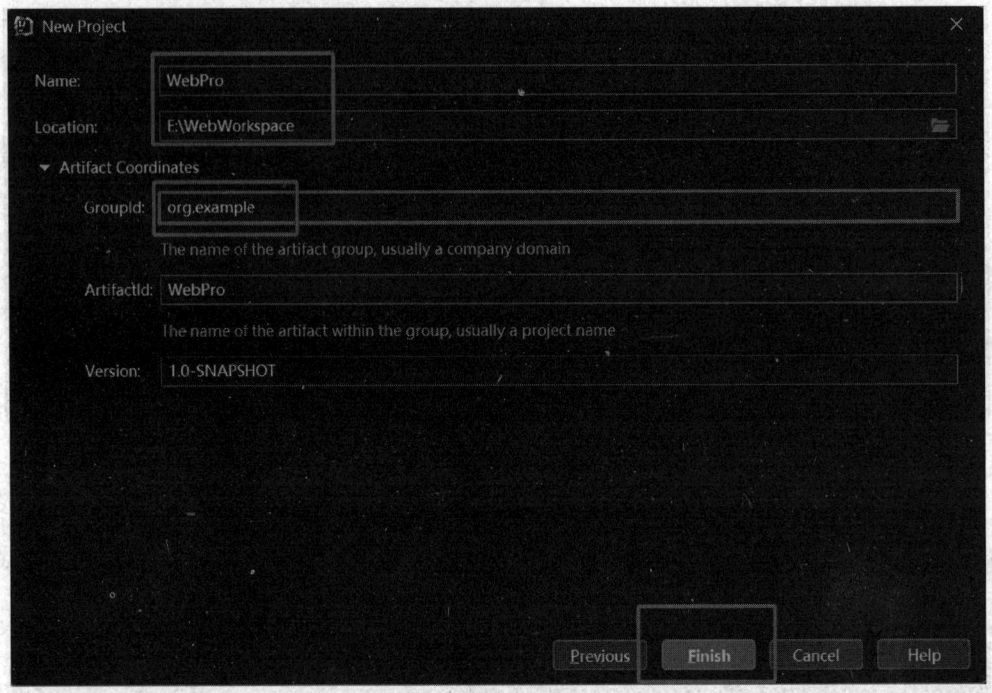

图 1-15　新建 Web 工程

(3) 在弹出的窗口中选择 File|Settings 选项，配置自己的 maven 本地仓库的位置，如图 1-16 和图 1-17 所示。

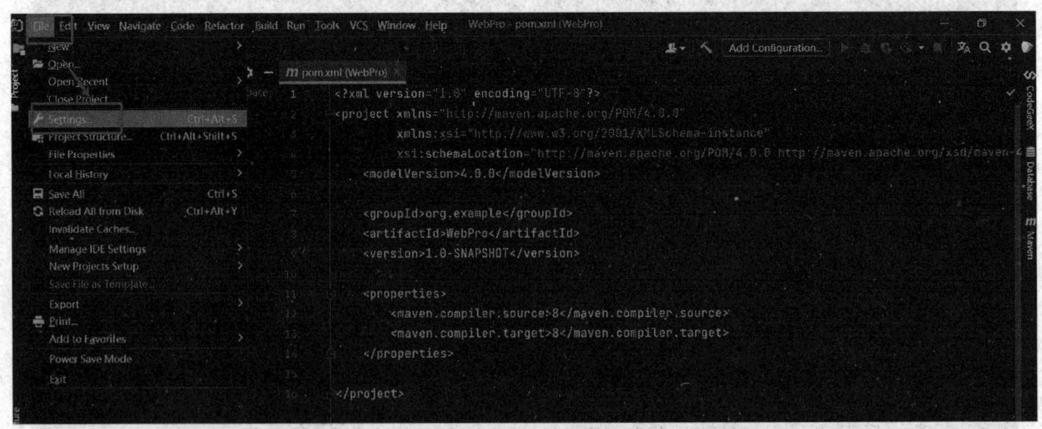

图 1-16　选择 Settings 选项

(4) 选择 File|Project Structure 选项，配置工程结构，如图 1-18 所示。打开 Project Structure 窗口，选择 Modules，单击添加新建符号"＋"，选择 Web 选项，如图 1-19 所示。修改 web. xml 和 webapp 路径，如图 1-20 所示。

(5) 创建一个 JSP 页面，页面上输出"Hello World!"。在 webapp 目录下创建一个 index. jsp 页面，代码如下。

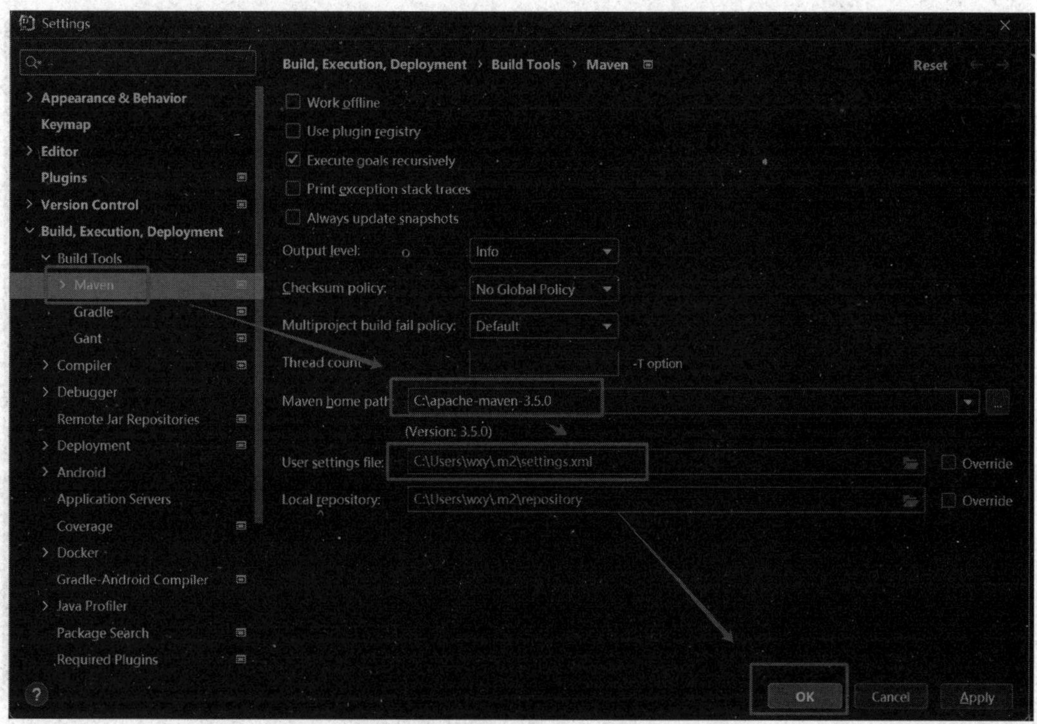

图 1-17　配置 Maven 本地路径

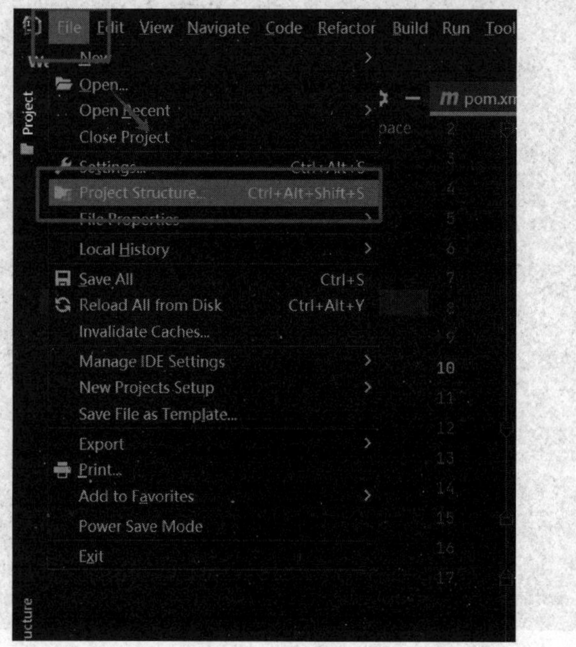

图 1-18　配置工程结构

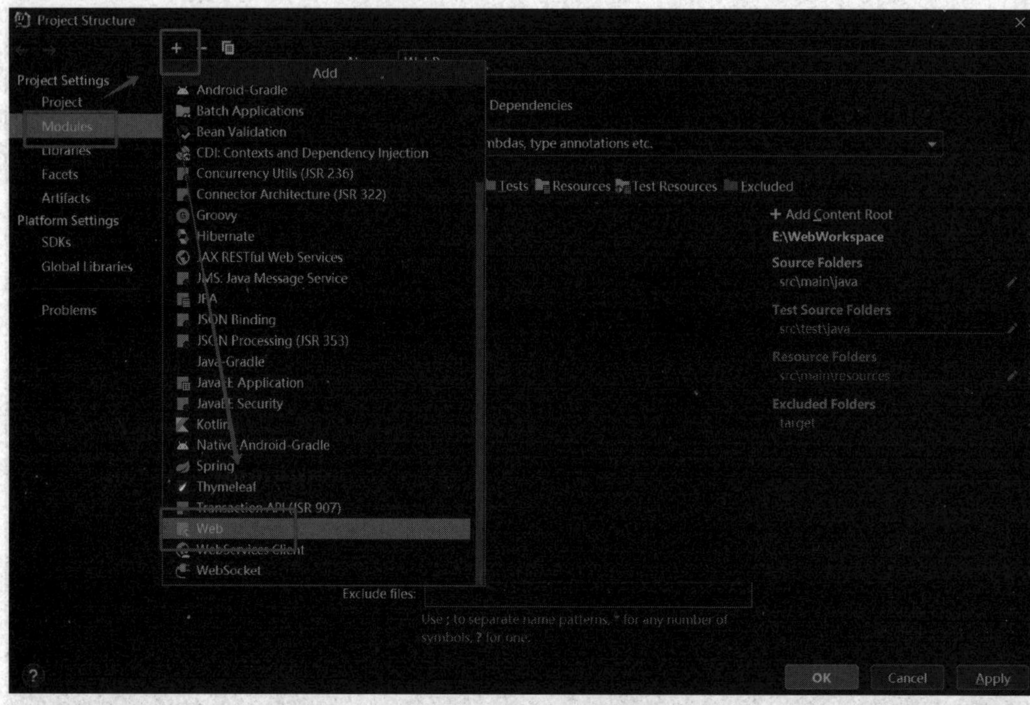

图 1-19　选择 Web 选项

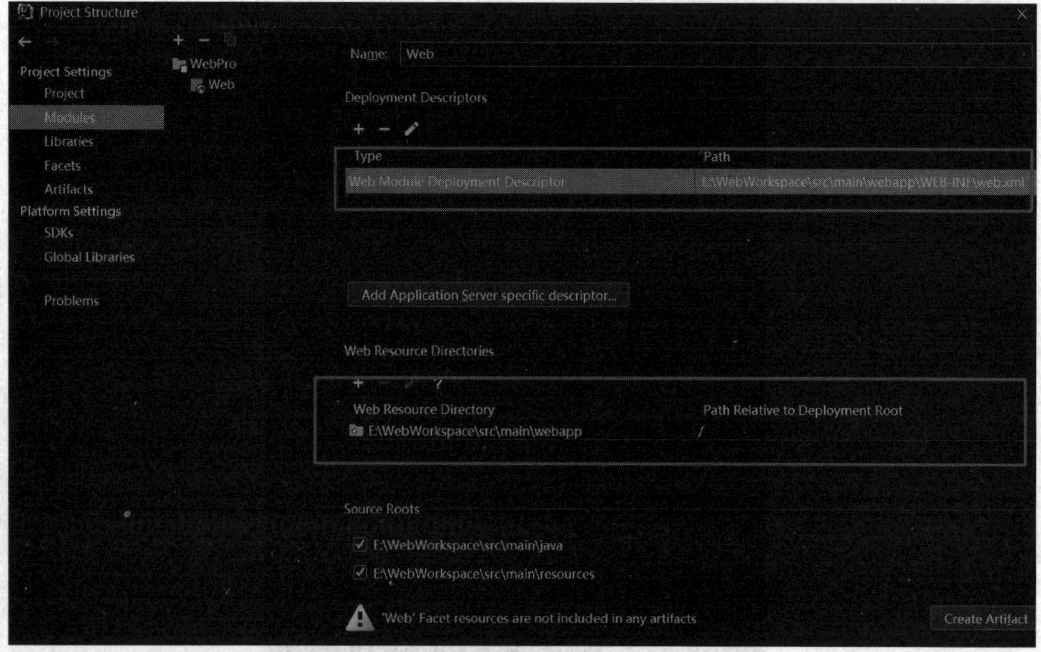

图 1-20　修改 web. xml 和 webapp 路径

```
<%@ page contentType="text/html;charset=UTF-8" language="java" %>
<html>
<head>
  <title>Title</title>
</head>
<body>
<h1>Hello World!</h1>
</body>
```

(6) 使用 Tomcat 或其他 Web 服务器运行项目，配置项目的运行环境，如图 1-21 所示。

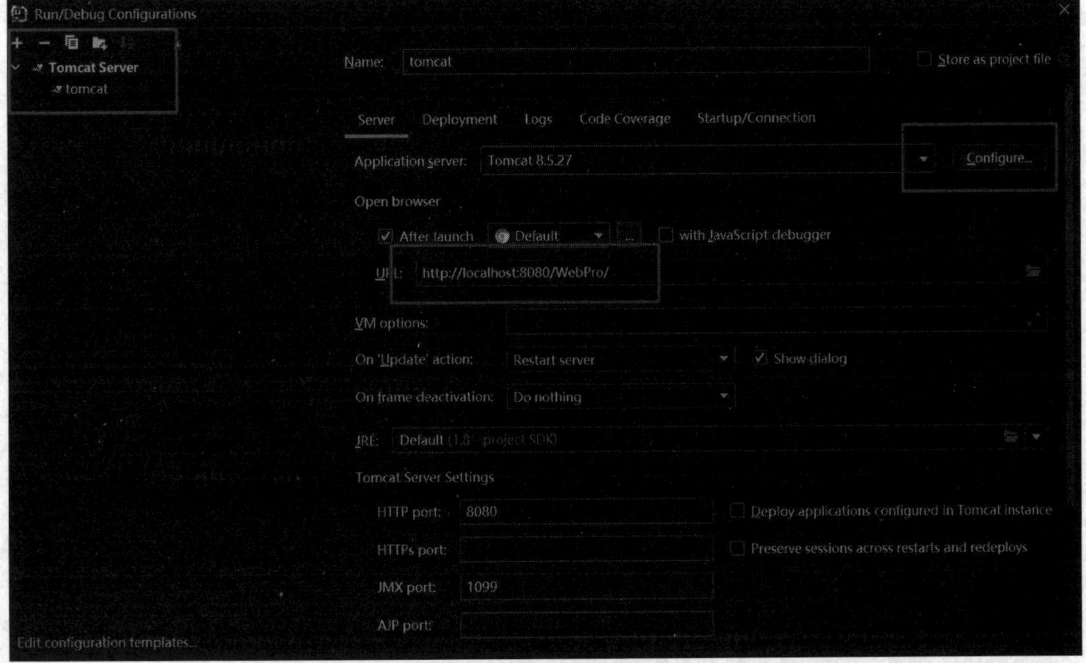

图 1-21　配置项目运行环境

(7) 运行项目，并通过浏览器访问 JSP 页面，确保能够正确输出“Hello World!”，如图 1-22 所示。

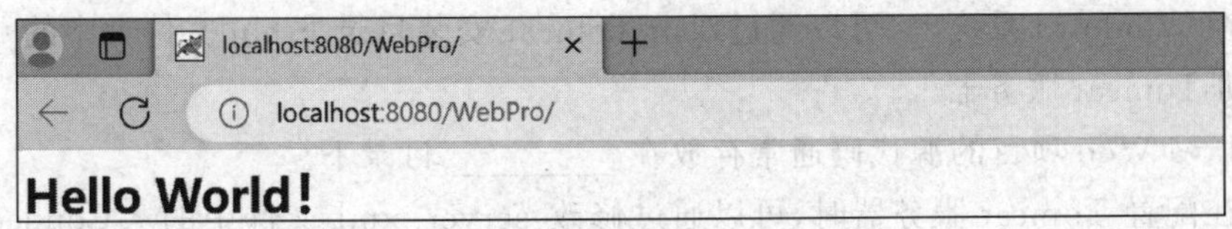

图 1-22　项目启动显示页面

任务小结

本任务的主要目标是通过使用 IntelliJ IDEA 和 Maven 创建一个简单的 Java Web

项目，并确保项目能够成功运行并输出“Hello World!”。

在任务完成过程中，我们使用 IntelliJ IDEA 创建了一个新的 Maven 项目，并选择 Maven 的 webapp 模板以确保项目的结构符合标准。我们还配置了项目的 Maven 依赖，包括 servlet 和 JSP 的相关依赖，以确保项目能够正常运行和编译。此外，我们创建了一个 Servlet 类和一个 JSP 页面，用于处理对 JSP 页面的请求并输出“Hello World!”。

为了确保项目能够在本地运行，我们配置了项目的运行环境，选择 Tomcat 作为 Web 服务器。通过浏览器访问 JSP 页面，验证了项目能够正确输出“Hello World!”，达到了本任务的核心目标。

此外，我们还注意确保项目的代码结构清晰，符合 Java Web 项目的最佳实践。为了方便其他人理解和运行项目，我们提交了完整的项目源码和相关文档，包括项目的结构说明、依赖配置、运行环境配置等关键信息。

通过本任务，我们不仅创建了一个简单的 Java Web 项目，还提升了使用 IntelliJ IDEA 和 Maven 进行项目开发和管理的技能。同时，我们也对 Java Web 项目的结构和运行原理有了更深入的理解。

习　　题

一、填空题

1. 在搭建 Java Web 开发环境时，首先需要下载并安装 ________(工具名称)，它是 Java 应用程序的基础。

2. ________是 Tomcat 服务器的默认端口。

3. Tomcat 服务器的配置文件通常存放在 conf 目录下，其中 server. xml 是 ________ 的主配置文件。

4. 在使用 Maven 构建 Java Web 项目时，项目的依赖关系通常定义在 ________ 文件中。

5. 在 Java Web 项目中，________ 文件用于配置 Servlet、过滤器等组件。

6. Java Web 应用通常打包为 ________ 文件，该文件可以直接部署到支持 Java 的 Web 服务器上。

7. 在 Windows 系统上，可以通过双击 Tomcat 安装目录下 bin 文件夹中的 ________ 文件启动 Tomcat 服务器。

8. Java Web 项目的源代码通常存放在 ________ 目录下。

9. 在配置 Tomcat 服务器时，可以通过修改 server. xml 文件中的 <Connector> 元素设置服务器的 ________。

10. 在开发 Java Web 应用时，通常使用 ________ 作为数据库管理系统存储数据。

11. Maven 项目中的 ________ 目录用于存放项目的编译后输出。

12. 在 Java Web 项目中，静态资源(如 HTML、CSS、JavaScript 文件)通常存放在 ________ 目录下。

13. Java Web 应用的 ________ 目录用于存放应用的类文件和资源文件。

14. 在配置数据库连接时，通常需要指定数据库的 URL、用户名、密码和 ________。

15. Maven 使用 ________ 命令构建项目并生成可执行的 JAR 或 WAR 包。

二、选择题

1. 在搭建 Java Web 开发环境时，(　　)不是必需的组件。

A. JDK(Java 开发工具包)　　B. Web 服务器(如 Tomcat)

C. 数据库管理系统(如 MySQL)　　D. HTML 编辑器

2. 在安装 JDK 时，我们通常需要设置(　　)环境变量。

A. JAVA_HOME　　B. PATH

C. CLASSPATH　　D. 以上都是

3. (　　)是跨平台的，可以在 Windows、Linux 和 macOS X 等操作系统上运行。

A. JDK 6　　B. JDK 7

C. JDK 8(及以后版本)　　D. 所有版本的 JDK

4. Tomcat 是一个(　　)类型的服务器。

A. 应用服务器　　B. Web 服务器

C. 数据库服务器　　D. 邮件服务器

5. 在 Windows 系统上，如何启动 Tomcat 服务器？(　　)

A. 直接双击 Tomcat 安装目录下 bin 文件夹中的 startup. bat 文件

B. 通过命令行运行 Tomcat 安装目录下 bin 文件夹中的 startup. sh 文件

C. 在浏览器中访问 Tomcat 的默认页面

D. 以上都不是

6. 在 Java Web 应用中，通常使用(　　)协议传输数据。

A. HTTP　　B. FTP　　C. SMTP　　D. HTTPS

7. 以下(　　)工具通常用于开发 Java Web 应用。

A. IntelliJ IDEA　　B. MySQL Workbench

C. Adobe Photoshop　　D. Microsoft Excel

8. 在使用 Tomcat 时，如果要将一个 Web 应用部署到服务器上，通常需要将 Web 应用的 WAR 包放到(　　)目录下。

A. bin　　B. conf　　C. lib　　D. webapps

9. (　　)不是常见的 Java Web 开发框架。

A. Spring MVC　　B. Struts　　C. Hibernate　　D. JSF

10. 在 Java Web 项目中，(　　)技术通常用于实现前后端分离。

A. JSP　　B. Servlet　　C. AJAX　　D. JDBC

11. 在 Java Web 开发中，(　　)技术不是用于实现安全性的。

A. SSL/TLS　　B. OAuth　　C. JWT　　D. JDBC

12. 在开发 Java Web 应用时，通常使用(　　)工具管理数据库连接。

A. JDBC　　B. Servlet　　C. JSP　　D. Tomcat

三、判断题

1. Tomcat 是 Java 的官方 Web 服务器，所有 Java Web 应用都应该在 Tomcat 上运行。 ( )

2. 设置 JAVA_HOME 环境变量是为了让操作系统“知道”JDK 的安装位置。 ( )

3. 在安装 JDK 时，不需要将 JDK 的 bin 目录添加到系统的 PATH 环境变量中。 ( )

4. Tomcat 的 webapps 目录用于存放 Web 应用的 WAR 包和已解压的 Web 应用。 ( )

5. 在使用 Maven 构建 Java Web 项目时，pom. xml 文件用于定义项目的依赖关系。 ( )

6. web. xml 文件是 Java Web 项目的核心配置文件，用于配置 Servlet、过滤器等组件。 ( )

7. 在 Windows 系统上，Tomcat 的 startup. sh 文件用于启动 Tomcat 服务器。 ( )

8. 在 Java Web 开发中，HTML 编辑器不是必需的，因为所有的 HTML 代码都可以在文本编辑器中编写。 ( )

9. 搭建 Java Web 开发环境时，数据库管理系统(如 MySQL)是必需的组件。 ( )

10. 在使用 Maven 时，项目的依赖库会自动下载到本地仓库中。 ( )

11. 在 Java Web 项目中，web. xml 文件可以省略，因为所有的配置都可以通过注解来完成。 ( )

12. 在开发 Java Web 应用时，Tomcat 服务器和 Java 应用服务器(如 JBoss)的功能是相同的。 ( )

模块二　JSP 技术

本模块将深入探索 JSP,通过系统学习 JSP 的语法、指令元素以及内置对象,掌握动态网页开发的核心技术。

学习目标

(1) 了解 JSP 的概念和特点。
(2) 熟悉 JSP 的运行原理。
(3) 掌握 JSP 的基本语法。
(4) 熟悉 JSP 指令的使用。
(5) 掌握 JSP 隐式对象的使用。

素质目标

(1) 遵循认知规律,激发读者自主探索的欲望,鼓励读者亲自动手实践。
(2) 培养读者严谨的编程习惯,注重代码的可读性与规范性。
(3) 弘扬工匠精神,追求卓越,精益求精,以高度的责任感对待每一个细节。

任务 2.1　JSP 及其页面结构

任务描述

新建一个 JSP 页面,了解 JSP 的结构。

知识储备

1. JSP 简介

JSP 是一种基于 Java 的 Web 开发技术,允许开发者在 HTML 页面中直接嵌入 Java 代码,从而动态生成 Web 页面。JSP 使用 JSP 标签库来增强 HTML 页面的功能,通过与 JavaBeans 组件和 EJB (Enterprise JavaBeans)等技术结合,实现复杂的 Web 应用程序开发。

2. JSP 工作原理

JSP 的工作原理如下。

(1) 用户在请求访问 JSP 页面时,Web 服务器会首先检查该 JSP 页面是否已经编译成 Servlet。如果没有,Web 服务器会调用 JSP 引擎(如 Tomcat 的 Jasper)来编译该页面。

(2) JSP 引擎将 JSP 页面转换成 Servlet。这个 Servlet 是一个 Java 类,其功能与原来 JSP 页面相当。

(3) 一旦 Servlet 被加载到内存中,Web 服务器就可以处理后续的请求,而不需要每次都重新编译 JSP 页面。

(4) 当用户请求访问一个 JSP 页面时,Web 服务器会调用相应的 Servlet 处理请求,并将结果返回给用户。

3. JSP 的优势

JSP 与其他动态 Web 技术相比,其优势主要体现在以下四个方面。

(1) JSP 提供了丰富的标签库,使开发者可以更加方便地编写动态 Web 页面。

(2) JSP 支持 Java 的所有特性,包括面向对象编程、异常处理等,使开发复杂的 Web 应用程序成为可能。

(3) JSP 可以与 JavaBeans 和 EJB 等技术结合,实现企业级应用的开发。

(4) JSP 具有跨平台的特点,可以在任何支持 Java 的 Web 服务器上运行。

任务实施

在一个 JSP 页面中主要有两种元素:标签和代码。标签主要包括指令标签和动作标签,代码主要包括 Java 代码、JSP 声明语句、注释语句和 JSP 表达式。

在 webapp 目录下新建一个 directory,名称为 chapter02,在该目录下新建一个 JSP 页面,名称为 first.jsp,代码如下。

```
<%@ page contentType="text/html;charset=UTF-8" language="java" %>
<html>
<head>
  <title>Title</title>
</head>
<body>
<h1>您好!!</h1>
<%
  java.util.Date date = new java.util.Date();
  out.println("当前时间是:" + date.toLocaleString());
 %>
</body>
</html>
```

第 1 行代码是 JSP 的指令元素，它为整个 JSP 页面提供了元数据。在这个示例中，它设置了页面的内容类型为 HTML(使用 UTF-8 字符编码)并指定使用 Java 语言。

第 2～7 行和第 12、13 行代码都是标准的 HTML 标签，用于构建页面的结构和内容。例如，< html >标签是所有 HTML 代码的容器；< head >标签包含了页面的元数据，如标题；< body >标签包含了页面的主要内容。

第 8～11 行代码是 JSP 的脚本元素，允许在 HTML 中嵌入 Java 代码。在这个示例中，Java 代码被用来创建一个 java. util. Date 对象(代表当前时间)，并使用 out. println()方法将其转换为字符串并输出到浏览器。

任务小结

通过本任务的学习，我们不仅掌握了 JSP 的基本概念和原理，还对其在 Web 开发中的重要性和应用有了更深入的理解。在未来，我们将在实际项目中应用这些知识，开发出更加高效、功能强大的 Web 应用程序。

任务 2.2　JSP 技术的相关语法

任务描述

新建 JSP 页面，掌握 JSP 页面中脚本元素、表达式、变量声明及注释的使用。

知识储备

1. JSP 的注释

在 JSP 页面中，注释是一种重要的工具，用于向代码中添加说明或暂时移除某些代码。JSP 提供了两种类型的注释：HTML 注释和 JSP 注释。

HTML 注释：HTML 注释使用标准的 HTML 注释语法，即<! -- 注释内容 -->。这种注释在客户端的浏览器中是不可见的，主要用于在源代码中添加说明或临时移除某些代码，而不影响页面的实际显示。

JSP 注释：JSP 注释使用<%--注释内容--%>语法。这种注释在 JSP 页面被编译成 Servlet 后，在服务器端执行，因此客户端无法看到这些注释。JSP 注释常用于隐藏不想让客户端看到的敏感信息或代码，如数据库连接字符串等。

2. JSP 声明

在 JSP 中，声明(declaration)是一种特殊的元素，用于声明 JSP 页面中的变量和方法。通过声明，可以将 Java 代码逻辑从 JSP 页面中分离出来，提高代码的可维护性和可重用性。

声明使用<%! %>语法，其中可以包含变量和方法的声明。声明的变量和方法的范围仅限于当前 JSP 页面。

3. JSP 表达式

JSP 表达式是一种将值插入 JSP 页面中的简洁方式。使用 JSP 表达式，可以直接在 HTML 中插入变量的值，而不需要使用脚本片段。

JSP 表达式的语法如下：

```
<% = expression %>
```

其中，expression 是要插入的 Java 表达式。当 JSP 页面被请求时，JSP 引擎会计算这个表达式，并将结果插入 HTML 中相应的位置。

4. JSP 脚本程序

JSP 脚本程序是嵌入在 JSP 页面中的 Java 代码片段，用于执行动态逻辑。通过脚本程序，可以在 JSP 页面中直接编写 Java 代码，以便处理数据、调用业务逻辑等。

JSP 脚本程序使用<% %>定义语法，其中可以包含任何有效的 Java 代码。脚本程序的代码会在服务器端执行，并将结果插入 HTML 中相应的位置。

任务实施

在 chapter02 目录下新建一个 JSP 页面，名称为 annotate.jsp，代码如下。

```
<%@ page contentType = "text/html;charset = UTF - 8" language = "java" %>
<html>
<head>
  <title>JSP 中注释的使用</title>
</head>
<body>
<h1>JSP 中注释的使用</h1>
<!-- 这是 HTML 注释 -->
<% -- 这是 JSP 注释 -- %>
</body>
</html>
```

运行结果如图 2-1 所示。在页面中没有显示注释的内容，但右击，选择查看源代码，可以看到如图 2-2 所示的结果。从结果中可以看出，只有 HTML 注释才能在源代码中显示出来。

假设有一个用户数据库，每个用户都有名字和年龄。在一个网页上显示所有用户的名字和年龄，可以使用 JSP 表达式做到这一点。

用户数据存储在 userDatabase 数组中，代码如下。

```
String[][] userDatabase = {
  {"Alice", "25"},
```

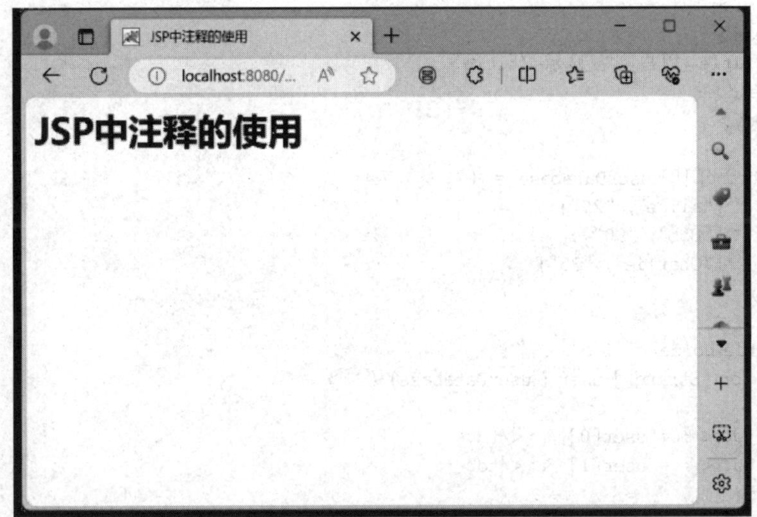

图 2-1 运行结果

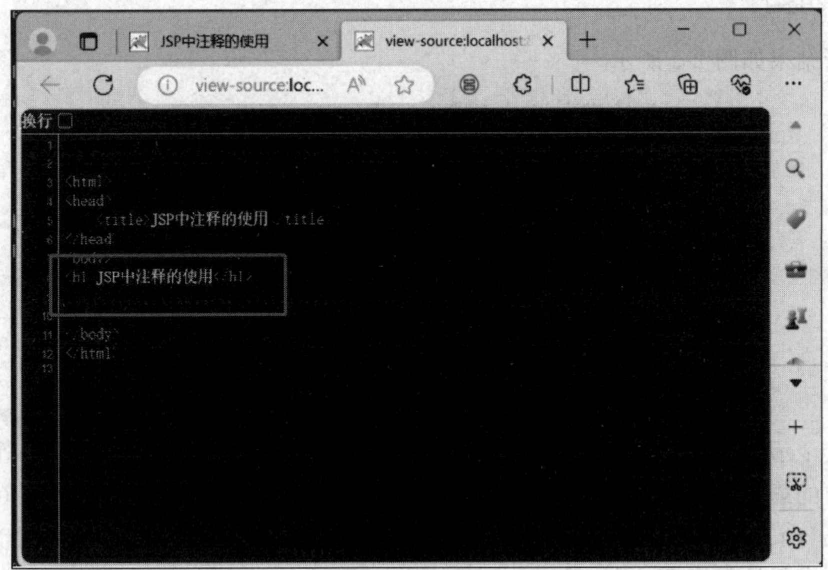

图 2-2 源代码

```
    {"Bob", "30"},
    {"Charlie", "35"}
}
```

在 JSP 页面中,我们可以使用 JSP 表达式遍历这个数组,并显示每个用户的名字和年龄。

在 chapter02 目录下新建一个 JSP 页面,名称为 userList.jsp,代码如下。

```
<%@ page contentType = "text/html;charset = UTF - 8" language = "java" %>
<%@ page import = "java.util.Arrays" %>
```

```
<html>
<head>
  <title>用户列表显示</title>
</head>
<body>
<%
  String[][] userDatabase = {
      {"Alice", "25"},
      {"Bob", "30"},
      {"Charlie", "35"}
  };
 %>
<table border = "1">
<% for (String[] user : userDatabase) { %>
<tr>
  <td><% = user[0] %></td>
  <td><% = user[1] %></td>
</tr>
<% } %>
</table>
</body>
</html>
```

运行结果如图 2-3 所示。

图 2-3　运行结果

在这个示例中,"<%= user[0] %> 和 <%= user[1] %>"是 JSP 表达式,它们分别将数组中的第一个和第二个元素(即用户名和年龄)插入 HTML 中;"<% for (String[] user:userDatabase) { %>"是一个 JSP 脚本片段,它遍历 userDatabase 数组并为每个用户创建一个新的表格行。

在 chapter02 目录下新建一个 JSP 页面,名称为 variable.jsp,代码如下。

```
<%@ page contentType = "text/html;charset = UTF - 8" language = "java"  %>
<html>
<head>
  <title>Title</title>
</head>
<body>
<%!
  //声明一个整数类型的变量
  int i = 0;
  //声明一个方法,用于对变量 i 进行++操作
```

```
    void increment() {
      i++;
    }
  %>
  <%
    //调用 increment()方法,对变量 i 进行++操作
    increment();
    out.print(i);
  %>
  </body>
  </html
```

在这个示例中,声明了一个名为 i 的整数类型变量,并初始化为 0。然后,声明了一个名为 increment 的方法,该方法对变量 i 进行自增操作,并在<% %>标签内调用 increment()方法。运行结果如图 2-4 所示。

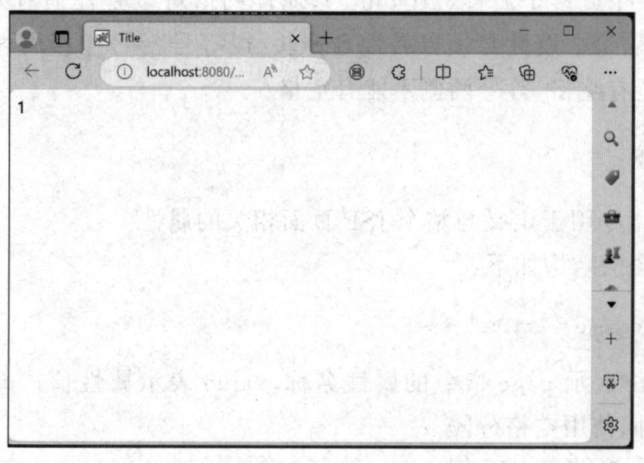

图 2-4 运行结果

任务小结

本任务的目标是理解和掌握 JSP 中的注释、脚本、表达式和变量声明。这些是 JSP 的基本元素。通过本任务,我们掌握了 JSP 中的注释、脚本、表达式和变量声明的基本用法。这些元素在构建动态 Web 应用程序时非常有用,可以帮助我们更好地组织和控制页面的行为和内容。在接下来的项目中,我们将能够更有效地使用这些元素来提高代码的可读性和可维护性。

任务 2.3 JSP 指令元素——page 指令

任务描述

通过一个案例,学习 JSP 页面中 page 指令的常用属性。

1. JSP 的指令元素

在 JSP 中,指令元素是一种特殊的标记,用于为整个 JSP 页面设置属性或行为。指令元素可用于定义 JSP 页面中的类和包、导入其他资源、设置缓存需求等。在 JSP 中,指令元素包括 page 指令、include 指令、taglib 指令三种。

JSP 指令元素的语法结构如下:

```
<%@ directive-name attribute="value" %>
```

其中,指令元素名称(directive-name)为指令的名称,如 page、include、taglib 等。指令元素可以包含一个或多个属性(attribute),属性的值可以是任何有效的字符串。属性之间使用空格分隔,每个属性必须以属性名开头,以等号(=)连接属性值(value)。属性名和等号之间不能有空格,等号两侧不能有空格。

2. page 指令

JSP 的 page 指令用于定义与整个 JSP 页面相关的属性。

page 指令的语法结构如下:

```
<%@ page attribute="value" %>
```

其中,attribute 表示 page 指令的属性名称,value 表示属性值。page 指令可以包含多个属性,属性之间使用空格分隔。

以下是一个 page 指令的示例:

```
<%@ page language="java" contentType="text/html; charset=UTF-8" pageEncoding=
"UTF-8" %>
```

在这个例子中,page 指令设置了三个属性:language、contentType 和 pageEncoding。这些属性分别用于指定脚本语言、内容类型和页面编码。

以下是 page 指令中可用的属性及其描述。

- language:此属性指定用于脚本的编程语言。对于 JSP,通常是 Java 语言。示例:

```
<%@ page language="java" %>
```

- extends:此属性允许指定一个 Java 类,JSP 页面将扩展这个类。通常用于定义自己的 JSP 基类。示例:

```
<%@ page extends="com.example.MyBaseClass" %>
```

- import:此属性允许导入 Java 类,以便在脚本中使用。可以导入多个类,用逗号分隔。示例:

```
<%@ page import="java.util.List" %>
```

或

```
<%@ page import = "java.util.List, java.util.ArrayList" %>
```

- session：此属性用于指定是否使用 HTTP 会话管理。值为 true 或 false。示例：

```
<%@ page session = "true" %>
```

或

```
<%@ page session = "false" %>
```

- buffer：此属性用于设置输出缓冲的大小。它可以是一个数字(表示字节)或 none。示例：

```
<%@ page buffer = "1024" %>
```

或

```
<%@ page buffer = "none" %>
```

- autoflush：此属性用于指定在输出缓冲区满时是否自动刷新。值为 true 或 false。示例：

```
<%@ page autoflush = "true" %>
```

或

```
<%@ page autoflush = "false" %>
```

- contentType：此属性用于设置响应的 MIME 类型和字符编码。示例：

```
<%@ page contentType = "text/html;charset = UTF-8" %>
```

- pageEncoding：此属性用于设置页面的字符编码。示例：

```
<%@ page pageEncoding = "UTF-8" %>
```

- isErrorPage：此属性用于指定当前页面是否为错误页面。值为 true 或 false。示例：

```
<%@ page isErrorPage = "true" %>
```

或

```
<%@ page isErrorPage = "false" %>
```

- errorPage：此属性用于指定错误页面的位置。示例：

```
<%@ page errorPage = "/error.jsp" %>
```

- isELIgnored：此属性用于指定是否忽略 EL(expression language)表达式。值为 true 或 false。示例：

```
<%@ page isELIgnored = "false" %>
```

在JSP中，page指令可以放在JSP页面的任何一个地方，但为了程序的可读性，一般放在JSP页面的首部。page指令中的属性除了import属性，其他属性只能有一个值。import属性的用法有以下两种：

(1) <%@ page c import="java.sql.*,java.util.*" %>

(2) <%@ page c import="java.util.*" %>

<%@ page c import="java.sql.*" %>

任务实施

在chapter02目录下新建一个JSP页面，名称为pageExample.jsp和error.jsp。

pageExample.jsp的代码如下：

```
<%@ page language = "java" contentType = "text/html; charset = UTF - 8"
    pageEncoding = "UTF - 8" buffer = "1024" %>
<html>
<head>
  <title>Title</title>
</head>
<body>
<body>
<h1>Welcome to JSP Page</h1>
<%
  //故意产生一个错误,以便演示错误处理
  int x = 1 / 0;
 %>
</body>
</body>
</html>
```

pageExample.jsp的运行结果如图2-5所示。在这个例子中，设置buffer属性为1024，这意味着JSP页面产生的输出将首先缓存到指定大小的缓冲区(以字节为单位)，然后发送给客户端，这可以减少网络往返次数，有助于提高页面的性能。

为了防止用户看到状态码是500的程序错误，可以对程序进行以下调整。

在pageExample.jsp的page指令中加入两个属性：errorPage="error.jsp"、isErrorPage="true"，并且在chapter02目录下新建一个error.jsp页面。error.jsp页面的代码如下：

```
<%@ page contentType = "text/html;charset = UTF - 8" language = "java" %>
<html>
<head>
  <title>Title</title>
</head>
<body>
<h1>程序出现内部运行错误,请稍后再试!</h1>
</body>
</html>
```

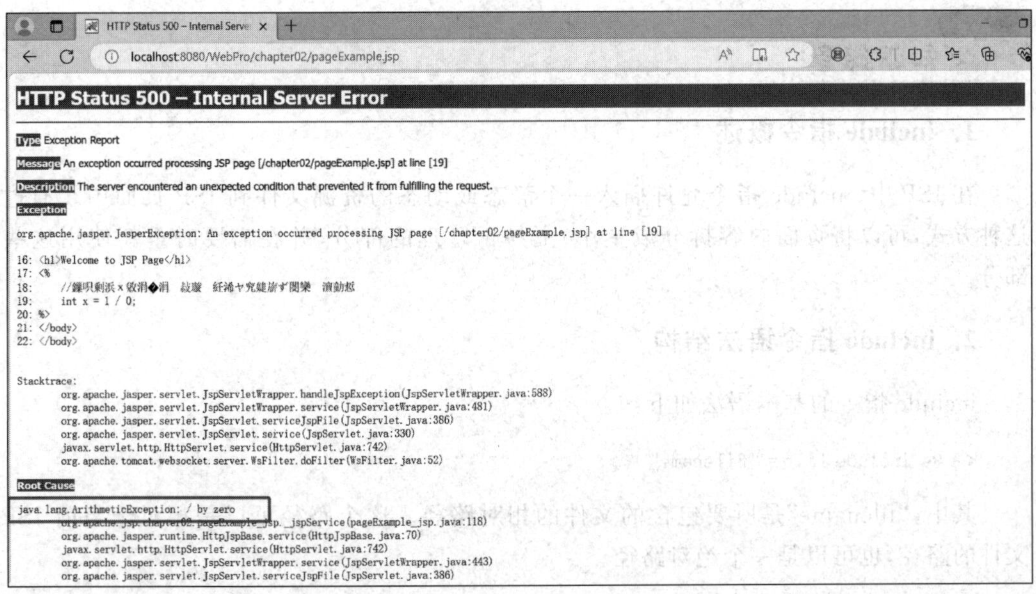

图 2-5 pageExample.jsp 的运行结果(一)

可以看到,在浏览器上再次运行 pageExample.jsp 时不会再出现状态码是 500 的程序错误,而是直接将错误指向 error.jsp 页面上,如图 2-6 所示。

图 2-6 pageExample.jsp 的运行结果(二)

任务小结

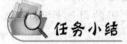

在本任务中,读者应专注于深入理解 JSP 中的 page 指令及其常用属性。目标是掌握这些属性如何影响 JSP 页面的行为,并能够在实际案例中应用这些知识。

任务 2.4 JSP 指令元素——include 指令

任务描述

构建一个简单的网站主页,该主页使用 JSP 的 include 指令来包含页面的不同部分,如页眉、页脚和导航栏。通过这个案例,学习如何使用 include 指令组织和重用 JSP 页面的内容。

知识储备

1. include指令概述

在JSP中,include指令允许插入一个静态或动态的资源文件到JSP页面中。通过这种方式,可以将页面内容拆分成更小、更易于管理的部分,并在需要时重新使用这些部分。

2. include指令语法结构

include指令的基本语法如下:

```
<%@ include file="filename" %>
```

其中,“filename”是所要包含的文件的相对路径。这个路径可以是相对于当前JSP文件的路径,也可以是一个绝对路径。

3. include指令的工作原理

当JSP容器(如Tomcat)处理包含指令的页面时,它会将指定的文件内容插入指令的位置。这意味着,如果被包含的文件有任何更改,那么包含它的JSP页面也会被重新编译。

4. include指令的使用场景

(1) 重用代码。如果有一些在多个页面中重复使用的代码片段,可以将这些代码放在单独的文件中,并使用include指令在需要的页面中包含它们。

(2) 分割大型页面。大型的JSP页面可能难以管理和维护。通过将页面内容分解为多个小文件,并使用include指令将它们组合在一起,可以提高代码的可读性和可维护性。

(3) 动态内容。虽然静态文件是最常见的,但也可以包含动态内容。例如,可以包含一个根据用户权限或其他条件动态生成的JSP文件。

5. 使用include指令的注意事项

(1) 路径正确。确保所提供的路径是正确的。如果所要包含的文件与当前的JSP文件在同一目录下,只需提供文件名。如果文件在其他目录,那么需要提供相对路径或绝对路径。

(2) 区分大小写。在某些操作系统(如Linux)中,文件路径对大小写敏感,因此,应确保路径与实际文件名的大小写完全匹配。

(3) 避免多余的空格和特殊字符。在路径中不要有多余的空格和特殊的字符。如果路径中存在空格,那么可能需要将其放在引号中,并确保引号在语法上是正确的。

(4) 性能影响。由于include指令会导致JSP页面重新编译,如果频繁地更改被包含的文件，可能会导致性能问题。在这种情况下，可以考虑使用 jsp：include 动作或<jsp：useBean>等技术以避免不必要的重新编译。

(5) 错误处理。如果被包含的文件不存在或有语法错误，整个包含文件的 JSP 页面都会运行失败。因此，确保被包含的文件没有错误并正确存在是很重要的。

(6) 缓存考虑。如果使用的 include 指令包含静态内容，考虑将其进行缓存以提高性能，某些服务器可能会为包含的内容提供缓存机制。

任务实施

创建主 JSP 文件(main.jsp)。在 chapter02 目录新建一个主 JSP 文件(main.jsp)，该文件将包含网站的主体内容。在此文件中，我们将使用 include 指令来包含其他文件。main.jsp 的代码如下：

```
<%@ page contentType="text/html;charset=UTF-8" language="java" %>
<html>
<head>
  <title>Title</title>
</head>
<body>
<!-- 包含页眉 -->
<%@ include file="header.jsp" %>
<!-- 网站的主要内容 -->
<h1>Welcome to My Website!</h1>
<p>This is the main content.</p>
<!-- 包含页脚 -->
<%@ include file="footer.jsp" %>
</body>
</html>
```

创建页眉文件(header.jsp)。在 chapter02 目录下创建一个页眉文件，该文件包含网站的页眉内容。此文件将作为 include 指令的目标。header.jsp 的代码如下：

```
<%@ page contentType="text/html;charset=UTF-8" language="java" %>
<html>
<head>
  <title>Title</title>
</head>
<body>
<div id="header">
  <h1>My Website</h1>
  <nav>
    <ul>
      <li><a href="#">Home</a></li>
      <li><a href="#">About</a></li>
      <li><a href="#">Contact</a></li>
    </ul>
  </nav>
```

```
</div>
</body>
</html>
```

创建页脚文件(footer.jsp)。在 chapter02 目录下创建一个页脚文件,该文件包含网站的页脚内容,也将作为 include 指令的目标。footer.jsp 的代码如下:

```
<%@ page contentType="text/html;charset=UTF-8" language="java" %>
<html>
<head>
    <title>Title</title>
</head>
<body>
<div id="footer">
    <p>&copy; 2024 My Website. All rights reserved.</p>
</div>
</body>
</html>
```

运行并测试。运行 main.jsp 页面,并确保页眉、页脚和其他内容都正确显示。main.jsp 页面运行结果如图 2-7 所示。

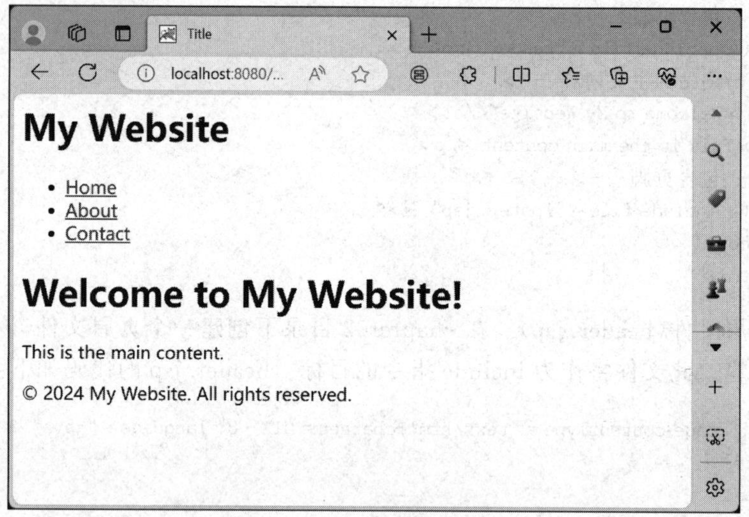

图 2-7　main.jsp 页面运行结果

任务小结

本任务通过 include 指令实现了代码模块的复用和组织。include 指令允许将常用的代码片段或库文件包含在主程序中,简化了代码结构,提高了可维护性。通过这一实践,我们掌握了代码模块化的基本方法,为后续开发高效、可读的程序打下了坚实的基础。

任务2.5 JSP指令元素——taglib指令

任务描述

在Java Web应用开发中，taglib(标签库)是一个重要的组成部分，它允许开发人员创建可重用的自定义标签，用于在JSP页面中简化复杂的逻辑和呈现。taglib指令用于在JSP页面中引入这些标签库，使开发人员能够在页面中方便地使用自定义标签。本任务的目标是详细阐述taglib指令的作用、使用方法，并通过案例展示如何在实际开发中应用taglib指令。

知识储备

1. taglib指令的语法

```
<%@ taglib uri="taglibURI" prefix="tagPrefix" %>
```

其中，uri指定标签库的URI(uniform resource identifier，统一资源标识符)，其参数通常是一个唯一的字符串，用于标识标签库；prefix指定在JSP页面中使用该标签库的前缀。通过这个前缀，页面可以区分不同的标签库中的标签。

2. taglib指令的作用

taglib指令的作用如下。

(1) 引入外部标签库，使JSP页面能够识别和使用这些库中的自定义标签。

(2) 通过为标签库指定前缀，避免了不同标签库之间的命名冲突。

3. 标签库描述符(TLD)

TLD(tag library descriptor)文件是一个XML文档，用于描述标签库中的标签、属性、验证规则等信息。

当使用taglib指令引入标签库时，JSP容器会查找对应的TLD文件，以了解如何处理这些标签。

4. JSP标准标签库(JSTL)

JSTL(JSP standard tag library)是一组预定义的标签库，用于执行常见的Web页面开发任务，如迭代、条件处理、XML文档处理、国际化等。

JSTL标签库可以通过taglib指令轻松引入JSP页面中。

任务实施

本任务将使用JSTL标签和EL表达式完成一个列表数据的循环显示。

首先，需要在 pom. xml 文件中导入所需的依赖。

```
<dependency>
    <groupId>javax.servlet.jsp.jstl</groupId>
    <artifactId>jstl-api</artifactId>
    <version>1.2</version>
</dependency>
<dependency>
    <groupId>org.apache.taglibs</groupId>
    <artifactId>taglibs-standard-impl</artifactId>
    <version>1.2.5</version>
</dependency>
```

其次，新建一个包，名称为 com. imeic. pojo，在该包下新建一个 User 类，包括 name、id、sex 三个成员属性，并且包含构造方法、每个成员属性的 setter 和 getter 方法。User. java 的代码如下：

```
package com.imeic.pojo;
public class User {
  private String name;
  private int id;
  private String sex;
  //构造方法
  public User(String name, int id, String sex) {
    this.name = name;
    this.id = id;
    this.sex = sex;
  }
  //getter 和 setter 方法
  public String getName() {
    return name;
  }
  public void setName(String name) {
    this.name = name;
  }
  public int getId() {
    return id;
  }
  public void setId(int id) {
    this.id = id;
  }
  public String getSex() {
    return sex;
  }
  public void setSex(String sex) {
    this.sex = sex;
  }
}
```

在 chapper02 目录下新建一个 taglibExample. jsp 页面，代码如下：

```
1  <%
2    User user1 = new User("张三",2011,"男");
3    User user2 = new User("李四",2012,"女");
4    User user3 = new User("王五",2013,"男");
5    ArrayList<User> users = new ArrayList<User>();
6    users.add(user1);
7    users.add(user2);
8    users.add(user3);
9    session.setAttribute("users",users);
10  %>
11 <%@ page language="java" contentType="text/html; charset=UTF-8" pageEncoding=
   "UTF-8" isELIgnored="false" %>
12 <%@ taglib prefix="c" uri="http://java.sun.com/jsp/jstl/core" %>
13 <%@ page import="com.imeic.pojo.User" %>
14 <%@ page import="java.util.ArrayList" %>
15 <!DOCTYPE html>
16 <html>
17 <head>
18   <title>用户列表</title>
19 </head>
20 <body>
21 <h1>用户列表</h1>
22 <ul>
23   <c:forEach var="user" items="${users}">
24     <li>${user.name} - <a href="deleteUser.jsp?id=${user.id}">删除</a></li>
25   </c:forEach>
26 </ul>
27 </body>
28 </html>
```

在该程序中，第 1～10 行代码实例化三个 User 对象，并且把三个对象存储在列表 users 中，最后将该列表对象保存在会话中。第 12 行代码使用 taglib 指令导入标签，第 23～25 行代码则使用 c 标签的 forEach 遍历列表，其中 ${users} 是 EL 表达式，表示从 session 范围内获取名称为 users 的数据。

taglibExample.jsp 页面运行结果如图 2-8 所示。

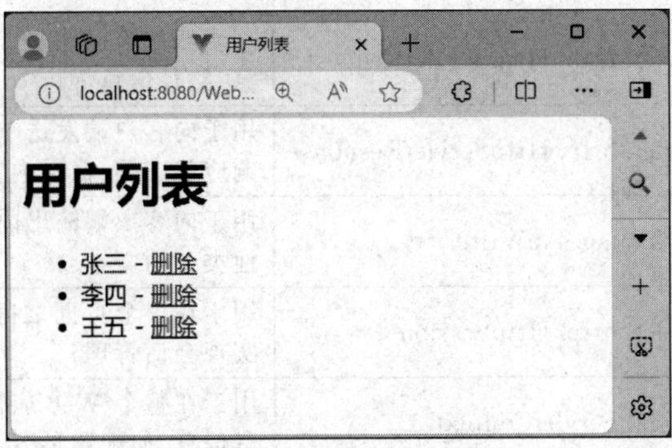

图 2-8　taglibExample.jsp 页面运行结果

任务小结

本任务通过 taglib 指令成功引入了自定义标签库，增强了 JSP 页面的功能性和可读性。taglib 指令允许定义和引用自定义标签，使页面开发更加灵活和高效。通过本任务，我们掌握了自定义标签库的使用方法，为构建功能丰富的 Web 应用提供了有力支持。

任务 2.6　JSP 内置对象——request 对象

任务描述

通过学习 JSP 的内置对象 request，掌握 request 内置对象中常用方法的使用方式，并使用 request 对象实现用户注册及登录功能。

知识储备

1. 内置对象简介

JSP 内置对象是指在 JSP 页面中，不用声明就可以在脚本和表达式中直接使用的对象，JSP 内置对象也称隐含对象。它提供了常用的 Web 开发功能，为了提高开发效率，JSP 规范预定义了内置对象。

JSP 内置对象有以下特点：

(1) 内置对象由 Web 容器自动载入，不需要实例化；

(2) 内置对象通过 Web 容器来实现和管理；

(3) 在所有的 JSP 页面中，直接调用内置对象都是合法的。

JSP 规范定义了 9 种内置对象，其名称、类型和功能如表 2-1 所示。

表 2-1　JSP 内置对象

对象名称	类　型	功　能
request	javax. servlet. http. HttpServletRequest	用于获取客户端的请求信息，如参数、头信息、路径信息等
response	javax. servlet. http. HttpServletResponse	用于向客户端发送响应信息，如设置响应头、响应状态码、输出内容等
out	javax. servlet. jsp. JspWriter	用于向客户端输出内容，通常是 HTML 或其他类型的文本
session	javax. servlet. http. HttpSession	用于在多个页面之间存储和获取用户信息，实现会话管理
application	javax. servlet. ServletContext	用于在整个 Web 应用程序中存储和获取共享信息，如配置参数、资源访问等

续表

对象名称	类 型	功 能
pageContext	javax. servlet. jsp. PageContext	提供了对 JSP 页面中所有其他内置对象的访问,以及访问页面范围的属性,包括应用范围的属性等
config	javax. servlet. ServletConfig	用于获取 JSP 页面的配置信息,如初始化参数等
page	java. lang. Object	用于访问 JSP 页面中的其他方法或属性
exception	java. lang. Throwable	仅在 JSP 页面是错误页面(即 isErrorPage="true")时可用,用于处理在 JSP 页面中产生的异常

2. request 对象

在 JSP 中,request 对象是一个非常重要的内置对象,其类型为 javax. servlet. http. HttpServletRequest。这个对象代表了客户端发送给服务器的 HTTP 请求。HttpServletRequest 接口中定义了许多方法以获取请求的详细信息。以下是 HttpServletRequest 接口中一些常用方法及其返回类型的描述。

1) 获取请求参数

- String getParameter(String name):返回指定名称的请求参数的值。如果参数不存在,则返回 null。
- String[] getParameterValues(String name):返回指定名称的请求参数的所有值。如果参数不存在,则返回一个空数组。
- Enumeration < String > getParameterNames():返回一个枚举,其中包含所有请求参数的名称。
- Map < String, String[]> getParameterMap():返回一个映射,其中包含所有请求参数的名称和值。

2) 获取请求头信息

- String getHeader(String name):返回指定名称的请求头的值。如果头信息不存在,则返回 null。
- Enumeration < String > getHeaderNames():返回一个枚举,其中包含所有请求头的名称。
- int getIntHeader(String name):返回指定名称的请求头的整数值。如果头信息不存在或不能转换为整数,则抛出异常。

3) 获取请求的其他信息

- String getMethod():返回请求的方法(如 GET、POST 等)。
- String getRequestURI():返回请求的 URI。
- String getProtocol():返回用于此请求的协议名称和版本。
- String getScheme():返回用于此请求的名称方案(如 http、https)。

- String getServerName()：返回接收请求的服务器的主机名。
- int getServerPort()：返回接收请求的服务器的端口号。
- String getRemoteAddr()：返回发出请求的客户端或最后一个代理的 IP 地址。
- String getRemoteHost()：返回发出请求的客户端或最后一个代理的完全限定名称。

4）获取会话和应用程序范围属性

虽然 request 对象主要用于获取当前 HTTP 请求的信息，但还可以使用 setAttribute() 和 getAttribute()方法将属性添加到请求范围或从中检索属性。这些方法允许在请求处理过程中传递信息。

- void setAttribute(String name, Object o)：将一个对象绑定到请求中，以指定的名称存储。
- Object getAttribute(String name)：以指定的名称检索请求中的属性。如果属性不存在，则返回 null。
- void removeAttribute(String name)：从请求中删除属性。

5）请求的国际化

- Locale getLocale()：返回客户端接收内容的首选区域设置。
- Enumeration<Locale> getLocales()：返回一个枚举，其中包含客户端接收内容的所有区域设置。

任务实施

使用 JSP 编写一个登录界面，并且将登录界面用户填写的内容显示在另一个 JSP 页面中。

在 chapter02 目录下新建两个 JSP 页面，分别是 login.jsp 和 doLogin.jsp。login.jsp 页面的代码如下：

```
<%@ page contentType="text/html;charset=UTF-8" language="java" %>
<html>
<head>
    <title>Login Page</title>
</head>
<body>
<h2>Login</h2>
<form action="doLogin.jsp" method="post">
    <label for="username">Username:</label>
    <input type="text" id="username" name="username" required><br><br>
    <label for="password">Password:</label>
    <input type="password" id="password" name="password" required><br><br>
    <input type="submit" value="Login">
</form>
</body>
</html>
```

在 login. jsp 页面中，第 8～14 行代码定义了一个表单，并且通过表单< form >标签中的 action 属性的值，将表单中的数据提交到 dologin. jsp 页面中。第 10、12 行代码定义了一个文本框和密码框，并且给出了两个控件的名称，分别为 username 和 password，这两个值也将作为请求参数绑定在 request 对象中。

doLogin. jsp 页面的代码如下：

```
1  <%@ page contentType = "text/html;charset = UTF - 8" language = "java" %>
2  <html>
3  <head>
4    <title>显示登录信息</title>
5  </head>
6  <body>
7  <%
8  //设置 POST 请求编码
9  request.setCharacterEncoding("utf - 8");
10 String username = request.getParameter("username");
11 String password = request.getParameter("password");
12 out.println("用户名:" + username + "<br>");
13 out.println("密码:" + password);
14  %>
15 </body>
16 </html>
```

在 doLogin. jsp 页面中，第 9 行代码用来设置使用 post 提交请求参数时，采用的编码方式(utf-8)。第 10 行和第 11 行代码使用 request 对象的 getParameter()方法，获取 username 和 password 两个参数，并使用 out 对象将两个值显示在页面中。

启动服务器，在浏览器中访问 http://localhost:8080/WebPro/chapter02/login. jsp，运行结果如图 2-9 所示。

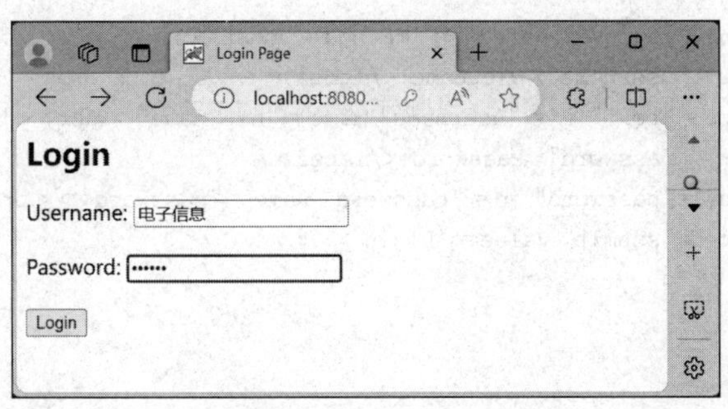

图 2-9 login. jsp 运行结果

在文本框和密码框中输入数据后，单击 Login 按钮，发送请求数据给 doLogin. jsp，doLogin. jsp 的运行结果如图 2-10 所示。

request 对象获取请求参数的方法既适用于 URL 重写查询字符串的 get 请求，也适用于 form 表单的 post 请求。

request 对象可以通过 setAttribute()和 getAttribute()方法存取请求域属性，在实际

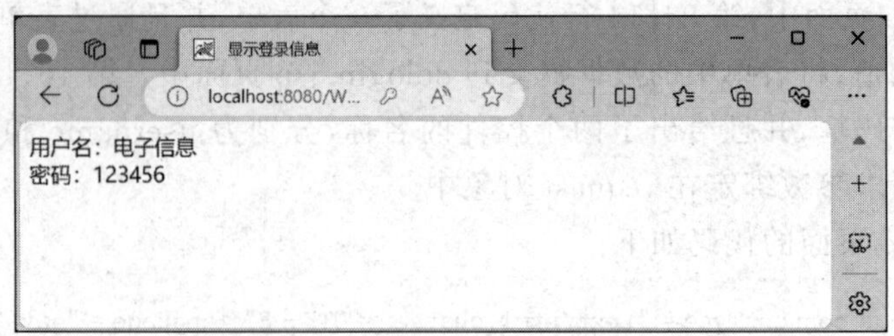

图 2-10　doLogin.jsp 的运行结果

开发中，多用于存储、传递本次请求的处理结果。

对 login.jsp 的登录信息进行验证，并将产生的验证结果回传到 login.jsp 页面中进行显示提醒的功能。

在 chapter02 目录下新建一个 loginValidate.jsp。

loginValidate.jsp 的代码如下：

```
<%@ page contentType="text/html;charset=UTF-8" language="java" %>
<html>
<head>
  <title>登录</title>
</head>
<body>
<%
  //从请求域属性 result 中获取错误信息
  String errorMsg = (String) request.getAttribute("result");
  System.out.println(errorMsg);
  if(errorMsg != null){
    out.println("<font color='red'>" + errorMsg + "</font>");
  }
 %>
<form action="loginValidate.jsp" method="post">
  <label for="username">Username:</label>
  <input type="text" id="username" name="username"><br><br>
  <label for="password">Password:</label>
  <input type="password" id="password" name="password"><br><br>
  <input type="submit" value="Login">
</form>
</body>
</html>
```

在登录页面 newLogin.jsp 中加入验证信息的获取和显示的代码如下：

```
<%@ page contentType="text/html;charset=UTF-8" language="java" %>
<html>
<head>
  <title>Title</title>
</head>
<body>
<%
```

```
  //设置 POST 请求编码
  request.setCharacterEncoding("UTF-8");
  //获取请求参数
  String username = request.getParameter("username");
  String password = request.getParameter("password");
  StringBuffer result = new StringBuffer();
  System.out.println("username=" + username + " " + password);
  //参数信息验证
  if (username == null || "".equals(username.trim())) {
    result.append("用户名不能为空!");
  }
  if (password == null || "".equals(password.trim())) {
    result.append("密码不能为空!");
  } else if (password.length() < 6 || password.length() > 12)
    result.append("密码长度必须在 6 到 12 之间!<br>");
  //将错误信息保存在请求域属性 result 中
  System.out.println(result);
  request.setAttribute("result", result.toString());
  if (result.toString().equals(""))
    out.print(username + ",您的登录信息验证成功");
  else
    request.getRequestDispatcher("newLogin.jsp").forward(request, response);
%>
</body>
</html>
```

启动服务器，如图 2-11 所示，在浏览器中访问 http://localhost:8080/WebPro/chapter02/newLogin.jsp，在用户名和密码都不填写直接登录的情况下，运行效果如图 2-12 所示。

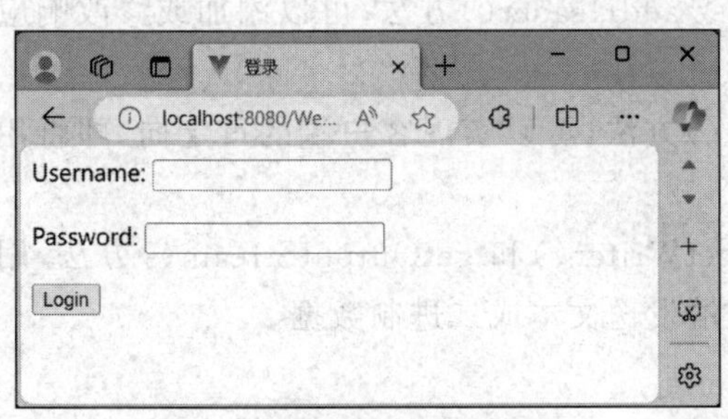

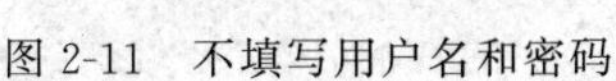
图 2-11　不填写用户名和密码

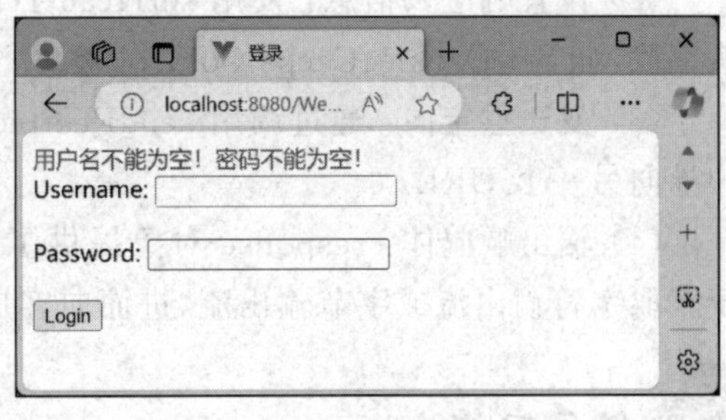

图 2-12　登录信息验证运行效果

上述代码中，验证错误信息被以请求域属性的形式保存在 request 对象，并通过请求转发的方式将请求对象再转发回 newLogin.jsp，在 newLogin.jsp 页面中便可从 request 对象中获取到属性值，从而实现验证信息在一次 request 请求范围内的传递。

任务小结

在 Java Web 开发中，request 对象扮演着至关重要的角色。它主要负责接收客户端发送的 HTTP 请求,并提供丰富的 API 以获取请求中的信息,如请求头、请求参数、请求方法等。通过 request 对象,开发人员可以轻松地获取客户端发送的数据,进而进行后续的业务处理。此外,request 对象还支持国际化、文件上传等高级功能,为 Web 应用的开发提供了极大的便利。因此,在 Java Web 开发中,熟练掌握 request 对象的使用,对于实现高效、稳定的 Web 应用具有重要意义。

任务 2.7 JSP 内置对象——response 对象

任务描述

通过学习 JSP 的内置对象 response,掌握 response 内置对象的使用方法,并使用 response 对象实现响应重定向等功能。本任务要求熟悉 response 对象的基本操作,包括设置响应内容类型、设置响应头信息、发送重定向以及输出响应体等。

知识储备

在 Java Web 应用开发中,response 对象是一个核心的组件,用于处理服务器对客户端的 HTTP 响应。response 对象类型为 javax. servlet. http. HttpServletResponse,与 Servlet 中的响应对象为同一对象。

以下是 response 对象的使用方法。

(1) 设置响应内容类型:通过 response 对象的 setContentType()方法,可以设置响应的 MIME 类型,如 text/html、application/json 等。

(2) 设置响应头信息:使用 setHeader()或 addHeader()方法,可以添加或修改响应头字段,如 Set-Cookie、Cache-Control 等。

(3) 发送重定向:通过调用 sendRedirect()方法,可以实现客户端的重定向,即将用户导向另一个 URL。

(4) 输出响应体:response 对象提供了 getWriter()和 getOutputStream()方法,用于获取字符输出流或字节输出流,进而向客户端发送文本或二进制数据。

任务实施

以下是一个简单的 JSP 页面示例,它展示了如何在 JSP 中设置响应内容类型、输出响应体,并模拟发送重定向的行为。

在 chapter02 目录下新建一个 responseExample. jsp 页面,该页面展示了使用 response 对象设置响应的内容类型、输出响应体,并且通过变量的值来判断是否执行重定向,若变量的值等于 0,则将响应重定向到 login. jsp 页面上。

responseExample. jsp 的代码如下:

```
<%@ page contentType = "text/html;charset = UTF - 8" language = "java" %>
```

```
<html>
<head>
  <title>Title</title>
</head>
<body>
<%
  //设置响应类型
  response.setContentType("text/html;charset = UTF - 8");
  int i = 1;
  if(i == 0){
    response.sendRedirect("login.jsp");
  }else{
    out.print("<h1>Hello, World! from JSP Page</h1>");
  }
 %>
</body>
</html>
```

重新启动服务器，在浏览器上运行 http://localhost:8080/WebPro/chapter02/responseExample.jsp。从运行结果中可以看到，当变量 i 的值为 1 时，浏览器显示 responseExample.jsp 页面中输出的内容，如图 2-13 所示。当变量的值为 0 时，执行响应重定向方法，将响应跳转到 login.jsp 页面中。

图 2-13 responseExample.jsp 的运行结果

通过 response 对象，开发人员能够灵活地控制响应的各个方面，包括内容类型、响应头和响应体。掌握 response 对象的使用，对于构建功能齐全、交互良好的 Web 应用至关重要。在实际开发中，应根据具体需求合理设置响应内容，并充分利用 response 对象提供的各种方法实现所需的响应逻辑。

任务 2.8 JSP 内置对象——out 对象

在 Java Web 应用的开发中，out 对象是 JSP 页面中的一个重要内置对象，它代表了

当前响应的输出流。开发人员通过 out 对象可以将动态生成的内容发送到客户端浏览器。本任务要求熟悉 out 对象的基本用法,包括向客户端输出数据、控制缓冲区的刷新和关闭等操作。

知识储备

out 对象用于向客户端发送响应的正文内容。它是 JspWriter 类的实例,提供了用于写入响应的各种方法。

与 out 对象相关的一些常用方法如下。

(1) 输出数据:使用 out. print()或 out. println()方法可以向客户端输出数据。这些方法可以接收各种类型的数据,如字符串、数字等。

(2) 缓冲区操作:默认情况下,JSP 页面输出是缓冲的,这意味着输出的内容不会被立即发送到客户端,而是先存储在服务器端的缓冲区中。可以使用 out. flush()方法将缓冲区中的数据立即发送到客户端。另外,out. clear()方法可以清除缓冲区中的内容,而 out. close()方法则关闭输出流。

(3) 异常处理:在使用 out 对象进行输出时,可能会遇到 IOException 等异常。因此,在进行输出操作时,最好使用 try-catch 块处理可能出现的异常。

任务实施

以下是一个简单的 JSP 页面示例,展示了如何使用 out 对象输出数据。

在 chapter02 目录下新建一个 outExample. jsp 页面。

outExample. jsp 页面的代码如下:

```
<%@ page contentType="text/html;charset=UTF-8" language="java" %>
<html>
<head>
  <title>Title</title>
</head>
<body>
<%
  //使用 out 对象输出数据到客户端
  out.println("<h1>Hello, this is an example of using the out object.</h1>");
  //输出当前日期和时间
  java.util.Date currentDate = new java.util.Date();
  out.print("<p>Current date and time: ");
  out.print(currentDate.toString());
  out.println("</p>");
  //刷新缓冲区,确保数据发送到客户端
  out.flush();
 %>
</body>
</html>
```

重新启动服务器，在浏览器上运行 http://localhost:8080/WebPro/chapter02/outExample.jsp，运行结果如图 2-14 所示。

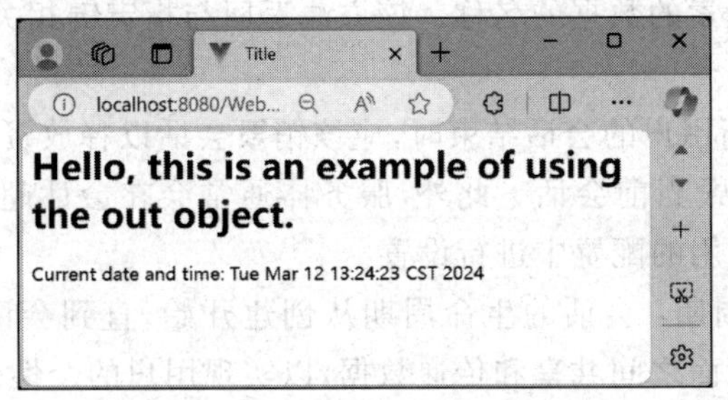

图 2-14 outExample.jsp 运行结果

任务小结

在 Java Web 应用的开发中，out 对象是一个用于向客户端输出响应内容的重要工具。它提供了各种方法以输出不同类型的数据，并允许开发人员控制缓冲区的刷新和关闭。然而，在实际开发中，为了保持代码的清晰和可维护性，建议将业务逻辑和表现层分离，尽量在 Servlet 等 Java 类中处理业务逻辑，而将结果传递给 JSP 页面进行展示。通过合理使用 out 对象，开发人员可以轻松地生成动态 Web 页面，并将内容呈现给用户。

任务 2.9 JSP 内置对象——session 对象

任务描述

在 Java Web 应用的开发中，session 对象是一个重要的内置对象，它用于在多个页面之间跟踪和存储用户的会话信息。本任务要求掌握 session 对象的基本用法，包括如何创建、访问和销毁会话，以及如何在会话中存储和检索数据。

知识储备

session 对象用于在多个请求之间保持用户的状态。每个用户会话都有一个唯一的会话标识符(session ID)，该标识符可以通过 cookie 或 URL 重写等方式传递给客户端，以便在后续请求中识别用户。

session 对象的相关用法如下。

(1) 创建和访问会话：当客户端发送第一个请求到服务器时，服务器会创建一个新的会话，并将会话 ID 发送给客户端。在后续的请求中，客户端会将会话 ID 发送回服务器，以便服务器能够识别并访问相应的会话对象。

(2) 在会话中存储数据：session 对象提供了一个键值对的存储机制，允许开发者在会话中存储用户的数据。可以使用 session.setAttribute(key, value)方法将数据存储在会话中，其中 key 是数据的名称，value 是要存储的数据值。

(3) 检索会话中的数据：要检索会话中的数据，可以使用 session.getAttribute(key) 方法，其中 key 是要检索的数据的名称。该方法返回与指定键相关联的数据值，如果找不到该键，则返回 null。

(4) 销毁会话：当用户的会话结束时，应该销毁会话以释放资源。可以使用 session.invalidate()方法来销毁当前会话。此外，服务器通常会在会话超时后自动销毁会话，超时时间可以在 Web 应用的配置中进行设置。

(5) 会话的生命周期：会话的生命周期从创建开始，直到会话被销毁或超时。在会话期间，可以在多个页面之间共享和传递数据，以实现用户的个性化体验和跨页面交互。

任务实施

以下是一个简单的 Java Web 应用示例，展示了如何使用 session 对象存储和检索用户数据。

在 chaptrer02 目录下新建一个 sessionExample.jsp 页面，其代码如下：

```
<%@ page contentType="text/html;charset=UTF-8" language="java" %>
<html>
<head>
  <title>Session Object Example</title>
</head>
<body>
<%
  //检查用户是否已经登录
  String username = (String) session.getAttribute("username");
  System.out.println("username=" + username);
  if (username == null) {
    //用户未登录,显示登录表单
    out.println("<form action='doSession.jsp' method='post'>");
    out.println("Username: <input type='text' name='username'><br>");
    out.println("Password: <input type='password' name='password'><br>");
    out.println("<input type='submit' value='Login'>");
    out.println("</form>");
  } else {
    //用户已登录,显示欢迎信息
    out.println("<h2>Welcome, " + username + "!</h2>");
    //在会话中存储其他用户数据(例如购物车信息)
    session.setAttribute("cart", "Some cart items...");
    //提供注销按钮
    out.println("<form action='logout.jsp' method='post'>");
    out.println("<input type='submit' value='Logout'>");
    out.println("</form>");
  }
%>
</body>
</html>
```

新建一个 doSession.jsp 页面，用来处理登录请求，并将登录的用户名存储在 session 中，其代码如下：

```
<%@ page contentType="text/html;charset=UTF-8" language="java" %>
<html>
<head>
  <title>Title</title>
</head>
<body>
<%
  String username=request.getParameter("username");
  session.setAttribute("username",username);
  out.print("欢迎"+username);
 %>
</body>
</html>
```

新建一个 logout.jsp 页面，用来执行注销会话操作，其代码如下：

```
<%@ page contentType="text/html;charset=UTF-8" language="java" %>
<html>
<head>
  <title>Title</title>
</head>
<body>
<%
  session.invalidate();
  out.print("用户已注销");
 %>
</body>
</html>
```

重新启动服务器，在浏览器上运行 http://localhost:8080/WebPro/chapter02/sessionExample.jsp，运行结果如图 2-15 所示。

输入用户名，单击 login 按钮，跳转到 doSession.jsp 页面中，以处理请求，并将用户名存储在会话中，运行结果如图 2-16 所示。

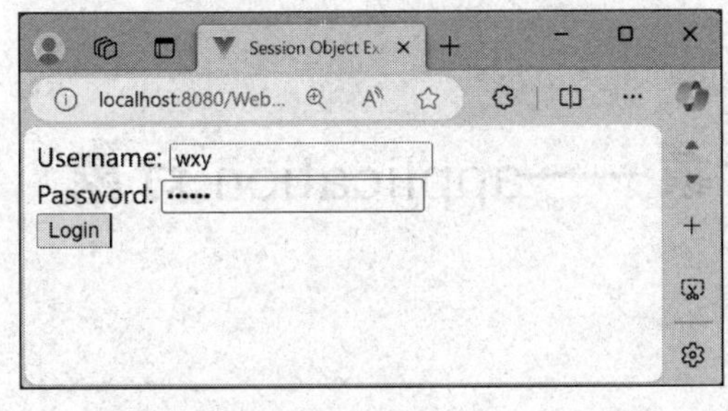

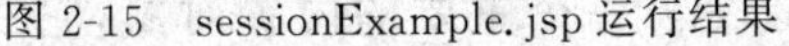

图 2-15 sessionExample.jsp 运行结果

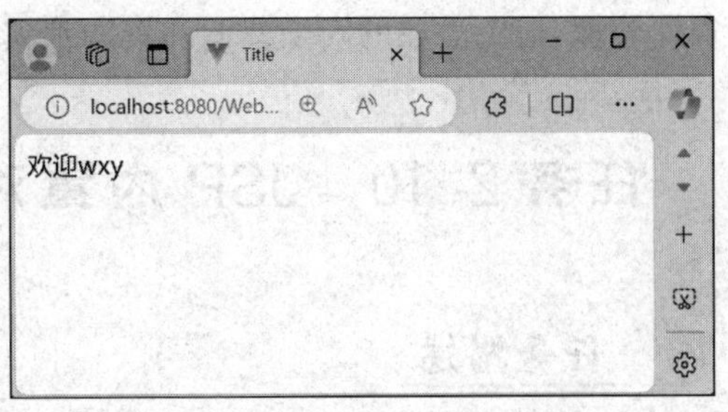

图 2-16 doSession.jsp 运行结果

在浏览器中重新运行 http://localhost:8080/WebPro/chapter02/sessionExample.jsp，

结果如图 2-17 所示。

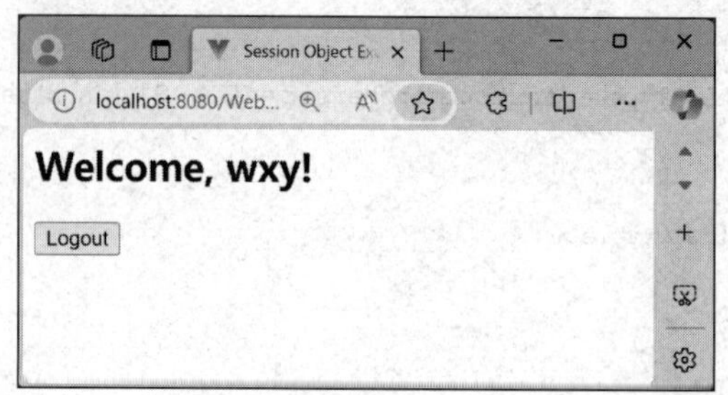

图 2-17　重新运行 sessionExample.jsp 页面的结果

单击 Logout 按钮，跳转到 logout.jsp，注销会话，运行结果如图 2-18 所示。

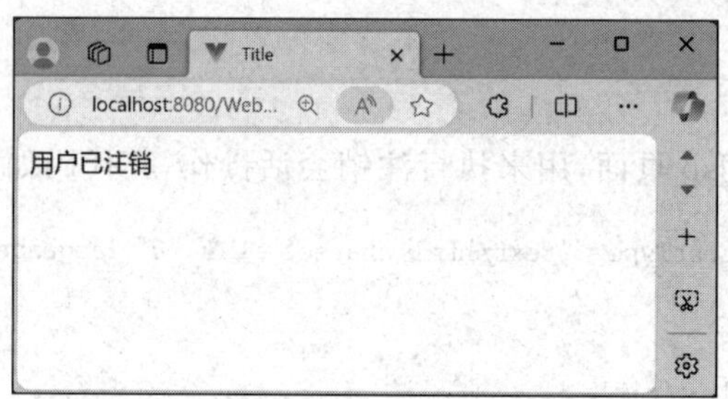

图 2-18　logout.jsp 页面的运行结果

在本任务中，首先检查会话中是否存在用户名。如果不存在，显示一个登录表单；如果存在用户名，则表示用户已登录，显示欢迎信息，并在会话中存储其他用户数据（如购物车信息）。此外，页面还提供了一个注销按钮，用户可以通过单击该按钮结束会话。

任务小结

在 Java Web 应用的开发中，session 对象是一个重要的工具，用于在多个页面之间跟踪和存储用户的会话信息。通过 session 对象，开发人员可以轻松地创建、访问和销毁会话，并在会话中存储和检索数据。合理使用 session 对象，可以实现用户的个性化体验和跨页面交互，提升 Web 应用的可用性和用户满意度。然而，还需要注意会话的安全性和资源管理，避免潜在的安全漏洞和资源浪费。

任务 2.10　JSP 内置对象——application 对象

任务描述

在 Java Web 应用的开发中，application 对象是另一个重要的内置对象，它在整个 Web 应用程序的生命周期内都是可用的。与 session 对象不同，application 对象存储的数据可以被所有用户共享。本任务要求熟练掌握 application 对象的基本用法，包括如何存储和检索应用程序级别的数据,以及如何在多个用户之间共享这些信息。

知识储备

application 对象代表了 Web 应用程序的上下文,在整个应用程序的生命周期内都是可用的。它通常用于存储应用程序级别的数据,这些数据需要在多个用户、页面和请求之间共享。

application 对象的相关知识点如下。

(1) 存储和检索数据:与 session 对象类似,application 对象也提供了一个键值对的存储机制。可以使用 application.setAttribute(key, value)方法将数据存储在应用程序的上下文中,其中 key 是数据的名称,value 是要存储的数据值。要检索存储的数据,可以使用 application.getAttribute(key)方法。

(2) 数据的共享和生命周期:存储在 application 对象中的数据是全局的,可以被应用程序中的所有用户共享。这意味着不同的用户在访问应用程序时,都可以访问和修改这些数据。数据的生命周期与应用程序的生命周期相同,只要应用程序在运行,数据就会一直存在。当应用程序停止或重新启动时,存储的数据将被清除。

(3) 并发访问和同步问题:由于 application 对象中的数据可以被多个用户同时访问和修改,因此需要注意并发访问和同步问题。在多线程环境下,可能需要使用同步机制来确保数据的一致性和完整性。

(4) 与 session 对象的比较:application 对象与 session 对象都是用于存储数据的容器,但它们的作用域和生命周期不同。session 对象存储的数据是特定于用户的,只在用户的会话期间有效;而 application 对象存储的数据是全局的,可以在整个应用程序的生命周期内共享。

任务实施

以下是一个简单的 Java Web 应用示例,展示了如何使用 application 对象存储和检索应用程序级别的数据。在 chapter02 目录下新建一个 applicationExample.jsp 页面。

applicationExample.jsp 的代码如下:

```
<%@ page contentType="text/html;charset=UTF-8" language="java" %>
<html>
<head>
  <title>Application Object Example</title>
</head>
<body>
<%
  //存储应用程序级别的数据
    application.setAttribute("appCounter", ((Integer) application.getAttribute
    ("appCounter") == null ? 1 : (Integer)application.getAttribute("appCounter") +
    1));
  //检索并显示应用程序级别的数据
  int counter = (Integer) application.getAttribute("appCounter");
```

```
    out.println("<h2>This application has been accessed " + counter + " times.</h2>");
%>
</body>
</html>
```

重新启动服务器，在浏览器上运行 http://localhost:8080/WebPro/chapter02/applicationExample.jsp。运行结果如图 2-19 所示。

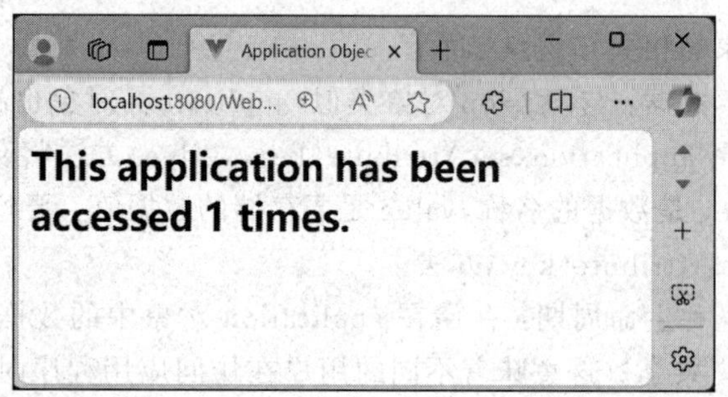

图 2-19　applicationExample.jsp 页面运行结果

在本任务中，使用 application 对象存储一个计数器，该计数器跟踪应用程序被访问的次数。每次有用户访问页面时，计数器都会增加，并显示在页面上。由于计数器是存储在 application 对象中的，因此它可以被所有用户共享，并且在应用程序的整个生命周期内都是可用的。

任务小结

在 Java Web 应用的开发中，application 对象是一个重要的工具，用于在整个应用程序的生命周期内存储和共享数据。通过合理地使用 application 对象，开发者可以在多个用户、页面和请求之间共享信息，提高应用程序的功能和效率。然而，由于 application 对象中的数据是全局的，因此需要注意并发访问和同步问题，以确保数据的一致性和完整性。在设计和实现应用程序时，应仔细考虑何时使用 application 对象以及如何使用它满足特定的需求。

任务 2.11　JSP 其他内置对象

任务描述

在 Java Web 应用开发中，pageContext、page、config 和 exception 是 JSP 提供的四个重要内置对象。这些对象在 JSP 页面中可以直接使用，无须声明或实例化。它们提供了访问页面上下文、当前页面实例、Servlet 配置信息以及处理异常的功能。本任务要求熟悉这四个对象的作用和用法，掌握如何在 JSP 页面中使用它们。

1. pageContext 对象

pageContext 的作用、功能和方法如下。

(1) 作用：pageContext 对象提供了对 JSP 页面上下文的访问，它是 JSP 页面中所有其他内置对象的存储库。

(2) 功能：通过 pageContext 可以访问请求、响应、会话、应用程序等作用域中的属性，还可以包含其他资源、执行转发等。

(3) 方法：setAttribute()、getAttribute()、removeAttribute()、include()、forward()等。

2. page 对象

page 对象的作用、功能和注意事项如下。

(1) 作用：page 对象代表当前 JSP 页面实例，相当于 Java 中的 this 关键字。

(2) 功能：在 JSP 页面中，可以直接使用 page 对象调用在当前 JSP 页面中定义的其他方法。但实际上，开发者很少直接使用 page 对象，因为可以直接使用定义的方法来调用方法。

(3) 注意事项：page 对象是一个实际类型的对象，它的类型就是当前 JSP 页面转换成的 Servlet 类的类型。

3. config 对象

config 对象的作用、功能和方法如下。

(1) 作用：config 对象用于获取 Servlet 配置信息，这些配置信息来自 Web 应用程序的 web. xml 文件。

(2) 功能：通过 config 对象可以获取初始化参数、ServletContext 等。

(3) 方法：getInitParameter()、getInitParameterNames()、getServletContext()等。

4. exception 对象

exception 对象的作用、功能和方法如下。

(1) 作用：exception 对象用于处理 JSP 页面中产生的异常。它只在 JSP 页面是错误页面时才可用，即页面使用了<%@ page isErrorPage="true" %>指令。

(2) 功能：通过 exception 对象可以获取异常信息并进行处理。

(3) 方法：可以使用 exception 对象的方法，(如 getMessage()、printStackTrace()等)来获取异常信息或打印堆栈跟踪。

任务实施

由于 page 对象实际上就是当前 JSP 页面的实例，因此通常不直接使用它。以下是

pageContext、config 和 exception 对象的使用案例。

新建一个 example.jsp 页面，其代码如下：

```
<%@ page contentType="text/html;charset=UTF-8" language="java" isErrorPage=
"true" %>
<html>
<head>
  <title>PageContext, Config, and Exception Example</title>
</head>
<body>
<%
  //使用 pageContext 对象设置和获取属性
  pageContext.setAttribute("message", "Hello from pageContext!");
  String msg = (String) pageContext.getAttribute("message");
  out.println("<p>" + msg + "</p>");
  //使用 config 对象获取初始化参数
  String initParam = config.getInitParameter("someParam");
  if (initParam != null) {
    out.println("<p>Init parameter: " + initParam + "</p>");
  }
  //使用 exception 对象处理异常(仅当页面为错误页面时可用)
  if (exception != null) {
    out.println("<p>Exception caught: " + exception.getMessage() + "</p>");
  }
%>
</body>
</html>
```

在本任务中，使用 pageContext 对象设置和获取一个属性，使用 config 对象获取一个初始化参数(这需要在 web.xml 中配置相应的参数)，并且使用 exception 对象处理可能发生的异常(这个页面需要被配置为错误页面才会捕获到异常)。

任务小结

在 Java Web 应用的开发中，pageContext、page、config 和 exception 是 JSP 技术提供的内置对象，它们分别用于访问页面上下文、当前页面实例、Servlet 配置信息以及处理异常。其中，pageContext 是一个功能强大的对象，可以作为访问其他作用域属性的桥梁；page 对象在实际开发中较少直接使用；config 对象用于读取 Servlet 配置信息；而 exception 对象则用于在错误页面中处理异常。合理使用这些对象，可以增强 Web 应用程序的功能性和健壮性。

习　题

一、填空题

1. JSP 文件通常以________结尾。

2. 在 JSP 页面中，用于输出内容的指令是________。

3. JSP 中，用于声明变量的指令是 ________。

4. JSP 的 ________ 指令用于引入外部资源，如标签库或 Java 类。

5. 在 JSP 页面中，内置对象 out 用于 ________。

6. JSP 的内置对象 request 代表 ________。

7. JSP 的内置对象 session 用于在多个页面间 ________ 数据。

8. JSP 的内置对象 application 代表整个 ________ 的上下文。

9. JSP 的<%@ page contentType="text/html;charset=UTF-8" %> 指令用于设置 ________。

10. JSP 支持在页面中嵌入 Java 代码片段，这些代码片段通常使用 ________ 包裹。

11. 在 JSP 页面中，可以使用 ________ 标签以包含其他文件。

12. JSP 的 <%@ include file="..." %> 指令与 <jsp:include> 标签的主要区别是 ________。

13. JSP 的 <%@ taglib %> 指令用于 ________。

14. 在 JSP 页面中，可以使用 ________ 标签设置 JavaBean 的属性。

15. JSP 的 <%@ page isErrorPage="true" %> 指令用于将页面设置为 ________。

二、选择题

1. JSP 页面的基础语法是(　　)。

A. HTML　　B. JavaScript　　C. Java　　D. XML

2. 在 JSP 页面中，(　　)标签用于输出 Java 变量的值。

A. <%= ... %>　　B. <% ... %>

C. <%! ... %>　　D. <%@ ... %>

3. JSP 中(　　)内置对象用于获取客户端发送的 HTTP 请求。

A. request　　B. response　　C. session　　D. out

4. JSP 的(　　)内置对象用于向客户端发送 HTTP 响应。

A. request　　B. response　　C. session　　D. out

5. 在 JSP 页面中，要包含另一个 JSP 文件，应该使用(　　)指令或标签。

A. <%@ include file="..." %>　　B. <jsp:include page="..." />

C. <include file="..." />　　D. 以上都可以

6. JSP 的<%! ... %>声明用于(　　)。(多选)

A. 声明全局变量　　B. 声明方法

C. 编写 Java 代码片段　　D. 声明标签库

7. JSP 的 contentType 属性通常用于设置(　　)。(多选)

A. 响应的字符编码　　B. 响应的内容类型

C. 请求的内容类型　　D. 请求的字符编码

8. 在 JSP 页面中，以下(　　)标签用于设置 JavaBean 的属性。

A. <jsp:setProperty name="..." property="..." value="..." />

B. <jsp:setProperty name="..." property="..." />

C. <jsp:useBean id="..." class="..." property="..." value="..." />

D. <jsp:useBean id="..." class="..." property="..." />

9. JSP 的(　　)内置对象表示当前用户的会话。

A. request　　B. response　　C. session　　D. application

10. 要在 JSP 页面中使用 JavaBean,应该使用(　　)标签。

A. <jsp:setProperty ... />　　B. <jsp:useBean ... />

C. <jsp:include ... />　　D. <jsp:forward ... />

11. JSP 的 isErrorPage 属性用于(　　)。

A. 指定页面为错误处理页面　　B. 指示页面是否包含 Java 代码

C. 设置页面的字符编码　　D. 禁用页面的自动刷新

12. JSP 的(　　)标签用于将请求转发到另一个资源。

A. <jsp:include ... />　　B. <jsp:forward ... />

C. <jsp:setProperty ... />　　D. <jsp:useBean ... />

13. 在 JSP 页面中,要引入自定义标签库,应该使用(　　)指令。

A. <%@ page ... %>　　B. <%@ include ... %>

C. <%@ taglib ... %>　　D. <jsp:useBean ... />

14. 以下(　　)不是 JSP 页面的组成部分。

A. HTML 代码　　B. CSS 样式

C. JavaScript 脚本　　D. Java 类定义(直接在 JSP 页面中)

模块三　Servlet 技术

随着 Web 应用业务需求的增多，动态 Web 资源的开发变得越来越重要。目前，很多公司都提供了开发动态 Web 资源的相关技术，其中比较常见的有 ASP、PHP、JSP 和 Servlet 等。基于 Java 的动态 Web 资源开发，Sun 公司提供了 Servlet 和 JSP 两种技术。本模块将对 Servlet 技术的相关知识进行详细讲解。

学习目标

(1) 理解 Servlet 基本原理。

(2) 掌握 Servlet API 的使用。

(3) 熟悉 Servlet 的配置与部署。

(4) 了解 Servlet 高级特性。

素质目标

(1) 养成良好的编程习惯，编写规范、易读的代码，注重代码的可维护性和可扩展性。

(2) 具备持续学习的能力，关注 Web 开发领域的新技术、新框架，不断提升自己的技能水平。

(3) 能够在掌握基本技术的基础上，尝试创新性的解决方案，提升 Web 应用的质量和用户体验。

(4) 具备团队合作精神，积极参与团队讨论和协作，共同推动项目的进展。

(5) 具备编写基本的 Servlet 程序的能力，能够处理常见的 HTTP 请求和响应。

(6) 能够独立配置和部署 Servlet 应用，解决常见的配置问题。

(7) 能够分析和解决在 Servlet 开发中遇到的常见问题，如异常处理、性能优化等。

任务 3.1　Servlet 简介与相关接口

任务描述

开发一个简单的 Web 应用，该应用提供一个用户登录的功能。用户通过表单提交用户名和密码，Servlet 接收并处理这些信息，然后给出相应的反馈。

知识储备

1. Servlet 简介

Servlet 是使用 Java 语言编写的运行在服务器端的程序，主要用于处理用户端的请求并生成动态的响应。狭义的 Servlet 是指 Java 语言实现的一个接口，广义的 Servlet 是指任何实现了这个 Servlet 接口的类。

Servlet 由 Servlet 容器提供，所谓 Servlet 容器是指提供了 Servlet 功能的服务器，Servlet 容器将 Servlet 动态地加载到服务器上。与 HTTP 协议相关的 Servlet 使用 HTTP 请求和 HTTP 响应与客户端进行交互。因此，Servlet 容器支持所有 HTTP 协议的请求和响应。Servlet 应用程序的体系结构如图 3-1 所示。

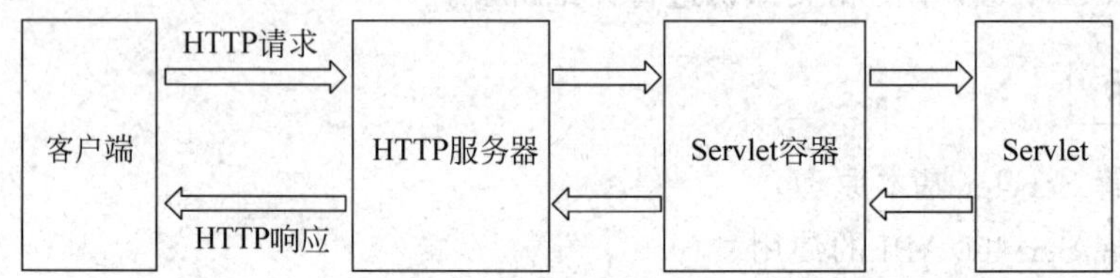

图 3-1　Servlet 应用程序的体系结构

在图 3-1 中，Servlet 的请求首先会被 HTTP 服务器接收，HTTP 服务器只负责静态 HTML 页面的解析，Servlet 的请求转交给 Servlet 容器，Servlet 容器会根据 web.xml 文件中的映射关系，调用相应的 Servlet，Servlet 将处理的结果返回给 Servlet 容器，并通过 HTTP 服务器将响应传输给客户端。

2. Servlet 的特点

Servlet 使用 Java 语言编写，它不仅具有 Java 语言的优点，而且还对 Web 的相关应用进行了封装，同时 Servlet 容器还提供了应用的相关扩展，在功能、性能、安全性等方面都十分优秀。Servlet 的技术特点表现在以下四个方面。

（1）方便：Servlet 提供了大量的实用工具例程，如处理很难完成的 HTML 表单数据、读取和设置 HTTP 头以及处理 Cookie 和跟踪会话等。

（2）跨平台：Servlet 用 Java 类编写，可以在不同操作系统平台和不同应用服务器平台下运行。

（3）灵活性和可扩展性：采用 Servlet 开发的 Web 应用程序，由于 Java 类的继承性及构造函数等特点，因此应用灵活，可随意扩展。

（4）Servlet 还具有功能强大、能够在各个程序之间共享数据、安全性强等特点。

3. Servlet 接口

针对 Servlet 技术的开发，Sun 公司提供了一系列接口和类，其中最重要的是 javax.servlet.Servlet 接口。Servlet 就是一种实现了 Servlet 接口的类，它由 Web 容器负责创建并调用,用于接收和响应用户的请求。在 Servlet 接口中定义了 5 个抽象方法,如表 3-1 所示。

表 3-1 Servlet 接口的方法

方法声明	功能描述
void init(ServletConfig config)	Servlet 实例化后,Servlet 容器调用该方法完成初始化工作
ServletConfig getServletConfig()	用于获取 Servlet 对象的配置信息,返回 Servlet 的 ServletConfig 对象
String getServletInfo()	返回一个字符串,其中包含关于 Servlet 的信息,如作者、版本和版权等信息
void service(ServletRequest request, ServletResponse response)	负责响应用户的请求,当容器接收到客户端访问 Servlet 对象的请求时,就会调用此方法。容器会构造一个表示客户端请求信息的 ServletRequest 对象和一个用于响应客户端的 ServletResponse 对象,作为参数传递给 service()方法。在 service( )方法中,可以通过 ServletRequest 对象得到客户端的相关信息和请求信息,在对请求进行处理后,调用 ServletResponse 对象的方法设置响应信息
void destroy()	负责释放 Servlet 对象占用的资源。当服务器关闭或 Servlet 对象被移除时,Servlet 对象会被销毁,容器会调用此方法

针对 Servlet 接口,Sun 公司提供了两个默认的接口实现类:GenericServlet 和 HttpServlet。GenericServlet 是一个抽象类,该类为 Servlet 接口提供了部分实现,然而,它并没有实现 HTTP 请求处理。HttpServlet 是 GenericServlet 的子类,它继承了 GenericServlet 的所有方法,并且为 HTTP 请求中的 POST、GET 等方式提供了具体的操作方法。通常情况下,编写的 Servlet 类都继承自 HttpServlet,在开发中使用的具体的 Servlet 对象就是 HttpServlet 对象。HttpServlet 类的常用方法及功能如表 3-2 所示。

表 3-2 HttpServlet 类的常用方法及功能

方法声明	功能描述
protected void doGet (HttpServletRequest req, HttpServletResponse resp)	用于处理 GET 类型的 HTTP 请求的方法
protected void doPost (HttpServletRequest req, HttpServletResponse resp)	用于处理 POST 类型的 HTTP 请求的方法
protected void doPut (HttpServletRequest req, HttpServletResponse resp)	用于处理 PUT 类型的 HTTP 请求的方法

4. Servlet 的配置

1) Servlet 配置的作用

为了使 web 服务器或应用服务器能够正确地识别并处理客户端发来的请求,实现用户与后台数据库或应用程序之间的交互,需要对 Servlet 进行配置。

2) Servlet 配置的方式

Servlet 主要有两种配置方式：一种是通过 Web 应用的配置文件 web. xml 完成，另一种是使用@WebServlet 注解的方式完成。

(1) 使用 web. xml 配置 Servlet。在 web. xml 文件中，通过< servlet >标签进行注册。在< servlet >标签下包含若干个子元素，这些子元素的功能如表 3-3 所示。

表 3-3 < servlet >标签下子元素的功能

属性名	类型	功能描述
< servlet-name >	String	指定该 Servlet 的名称，一般与 Servlet 类名相同，要求唯一
< servlet-class >	String	指定该 Servlet 类的位置，包括包名与类名
< description >	String	指定该 Servlet 的描述信息
< display-name >	String	指定该 Servlet 的显示名

在 web. xml 文件中，可以配置 servlet 的名称、类名和 URL 模式等信息。

下面以一个名称为 Action 的 Servlet 为例，演示 Servlet 在 web. xml 文件中的配置。具体配置如下：

```
< servlet >
< servlet - name > Action </servlet - name >< servlet - class > com. demo. servlet. ActionServlet
</servlet - class >
</servlet >
< servlet - mapping >
< servlet - name > Action </servlet - name >
< url - pattern >/action </url - pattern >
</servlet - mapping >
```

这段代码就配置了一个名为 Action 的 Servlet，其对应的类为 com. demo. servlet. ActionServlet，访问路径为/action。

(2) 使用 Java 注解@WebServlet 配置 Servlet。@WebServlet 注解用于代替 web. xml 文件中的< servlet >、< servlet-mapping >等标签，该注解将会在项目部署时被容器处理，容器将根据具体的属性配置将相应的类部署为 Servlet。为此，@WebServlet 注解提供了一些属性，如表 3-4 所示。

表 3-4 @WebServlet 注解的相关属性

属性声明	功能描述
String name	指定 Servlet 的 name 属性，等价于< servlet-name >。如果没有显式指定，则该 Servlet 的取值即为类的全限定名。
String value	该属性等价于 urlPatterns 属性。urlPatterns 和 value 属性不能同时使用
String urlPatterns	指定一组 Servlet 的 URL 匹配模式，等价于< url-pattern >标签
int loadOnStartup	指定 Servlet 的加载顺序，等价于< load-on-startup >标签
WebInitParam[]	指定一组 Servlet 初始化参数，等价于< init-param >标签
boolean asyncSupported	声明 Servlet 是否支持异步操作模式，等价于< async-supported >标签
String description	Servlet 的描述信息，等价于< description >标签
String display Name	Servlet 的显示名，通常配合工具使用，等价于< display-name >标签

在 Servlet 类上使用@WebServlet 注解，并设置相应的属性值，如 value 或 urlPatterns 等。value 属性用于指定 Servlet 的 URL 模式，可以使用通配符“*”匹配任意字符。

例如，@WebServlet(value = "/example", urlPatterns = {"/example1", "/example2"})配置了一个称为 example 的 Servlet，它能够处理路径为/example1 或/example2 的请求。通过@WebServlet 注解能极大地简化 Servlet 的配置步骤，降低开发人员的开发难度。

任务实施

新建一个 chapter03 目录，在该目录下新建一个 login.jsp 页面，用来输入用户的登录信息。login.jsp 的代码如下：

```
<%@ page contentType = "text/html;charset = UTF-8" language = "java" isELIgnored =
"false" %>
<html>
<head>
  <title>用户登录</title>
</head>
<body>
<form action = "${pageContext.request.contextPath}/login" method = "post">
  用户名：<input type = "text" name = "username" required><br>
  密   码：<input type = "password" name = "password" required><br>
  <input type = "submit" value = "登录">
</form>
</body>
</html>
```

新建一个包，名称为 com.imeic.controller，在该包下新建一个 Servlet，名称为 LoginServlet，用来获取登录页面中用户输入的用户名和密码，并对登录信息进行验证，输出相应的响应结果。代码如下：

```
package com.imeic.controller;
import javax.servlet.*;
import javax.servlet.http.*;
import javax.servlet.annotation.*;
import java.io.IOException;
@WebServlet(name = "LoginServlet", value = "/login")
public class LoginServlet extends HttpServlet {
  @Override
  protected void doGet (HttpServletRequest request, HttpServletResponse response)
  throws ServletException, IOException {
  }
  @Override
  protected void doPost (HttpServletRequest request, HttpServletResponse response)
  throws ServletException, IOException {
    String username = request.getParameter("username");
    String password = request.getParameter("password");
    //这里假设我们有一个验证用户信息的服务，实际上应该连接数据库或调用其他服务
    boolean isValid = validateUser(username, password);
```

```
17        //根据验证结果,设置响应内容
18        if (isValid) {
19          response.getWriter().write("success");
20        } else {
21          response.getWriter().write("failed");
22        }
23      }
24
25      private boolean validateUser(String username, String password) {
26        //这里仅作为示例,实际开发中需要连接数据库或其他验证服务
27        return "admin".equals(username) && "password".equals(password);
28      }
29    }
```

第 6 行代码@WebServlet(name = "LoginServlet",value = "/login")使用注解方式将该 Servlet 的访问路径定义为 login。

第 25～28 行代码定义了一个方法,用来判断用户名和密码是否是 admin 和 password,返回一个 boolean 类型的值。第 13 和 14 行代码用来获取请求对象中的两个参数值。第 19 和 21 行代码用来在浏览器中输出相应的响应结果。运行结果如图 3-2 所示。

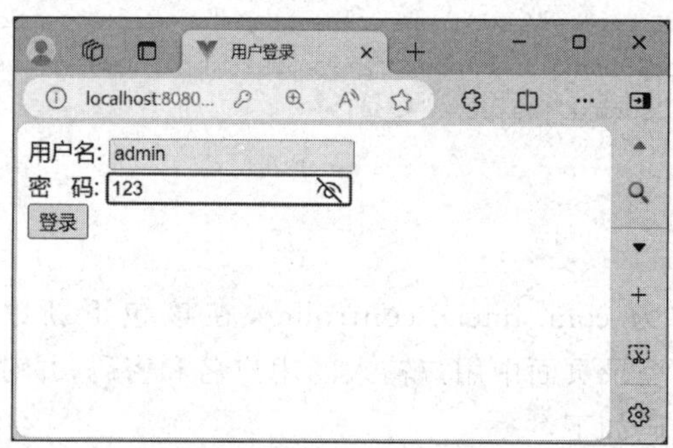

图 3-2 login.jsp 页面的运行结果

当按照图 3-2 所示内容在登录页面中输入用户名和密码时,页面显示 success,如图 3-3 所示,否则显示 failed。运行结果如图 3-4 所示。

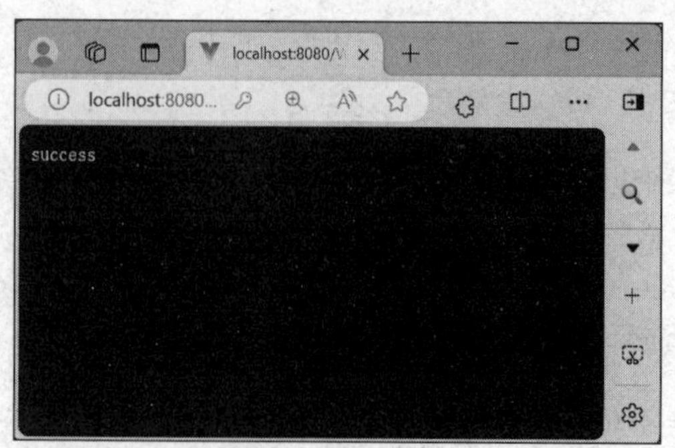

图 3-3 输入用户名和密码后的运行结果

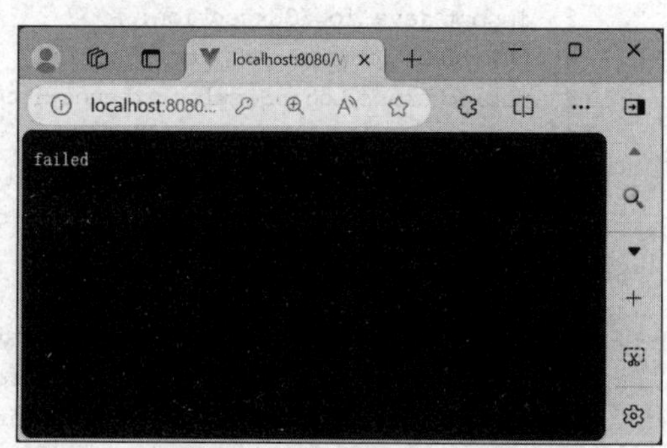

图 3-4 输入错误登录信息后的运行结果

本任务涵盖了 Servlet 的基本用法和相关接口的基础知识。通过这个简单的案例，展示了如何创建一个处理用户登录请求的 Servlet 以及如何通过注解方式配置 Servlet 的映射。同时，也展示了如何使用 HttpServletRequest 对象获取表单提交的数据，并使用 HttpServletResponse 对象设置响应内容。

任务 3.2　Servlet 生命周期

本任务主要通过一个案例介绍 Servlet 的生命周期，包括 Servlet 的加载、初始化、处理请求、服务结束以及卸载等关键阶段。通过理解 Servlet 的生命周期，能够更有效地管理 Web 应用的资源，优化性能，并减少潜在问题。

Servlet 的生命周期是其从创建到销毁的过程，包括三个关键阶段：初始化阶段、运行阶段和终止销毁阶段。

1. 初始化阶段

在初始化阶段，当 Servlet 容器启动时会自动装载某些 Servlet，或者在 Web 服务器启动后，客户端首次向 Servlet 发送请求，或者 Servlet 类文件被更新后重新装载 Servlet，此时会调用 init()方法。init()方法只执行一次，负责初始化 Servlet 对象，如建立数据库连接、打开文件等。

2. 运行阶段

运行阶段是 Servlet 的重要阶段，负责处理客户端发来的请求并生成响应。每当客户端发送请求至服务器，服务器就会调用 service()方法处理这些请求，Service()方法是 Servlet 的核心，是处理客户端请求并生成响应的入口方法。当客户端向 Servlet 容器发送 Http 请求时，容器会解析这个请求，然后创建一个 HttpRequest 对象封装这个请求信息。针对不同的 HTTP 请求方法（如 GET、POST 请求），Service()方法会调用不同的业务逻辑处理方法。这些业务逻辑处理方法可以包括获取表单数据、调用其他 Java 类的方法等。在处理完请求后，Service()方法会生成一个 HttpResponse 对象，用于封装 HTTP 响应消息，也就是将处理结果返回给客户端。

在 Servlet 的整个生命周期内，对于 Servlet 的每一次访问请求，Servlet 容器都会调用一次 Servlet 的 service()方法，并且创建新的 ServletRequest 和 ServletResponse 对象。

也就是说，service()方法在 Servlet 的整个生命周期中会被多次调用。

3. 终止销毁阶段

Servlet 容器将销毁不再使用的 Servlet 对象。此时，会调用 destroy()方法清理 Servlet 占用的资源，如关闭数据库连接、释放文件等。在 Servlet 的整个生命周期中，destroy()方法也只被调用一次。需要注意的是，Servlet 对象一旦创建，就会驻留在内存中等待客户端的访问，直到服务器关闭或 web 应用被移除出容器时 Servlet 对象才会销毁。

任务实施

在 com. imeic. controller 包下新建一个 Servlet，名称为 MyServlet，代码如下：

```
package com.imeic.controller;
import javax.servlet.*;
import javax.servlet.annotation.WebServlet;
import javax.servlet.http.*;
import java.io.IOException;
import java.io.PrintWriter;
@WebServlet("/myServlet")
public class MyServlet extends HttpServlet {
  //初始化方法,在 Servlet 被加载到内存并实例化后调用
  public void init() throws ServletException {
    super.init();
    System.out.println("MyServlet is being initialized.");
    //可以在这里执行一些只需要在 Servlet 启动时执行一次的初始化操作
  }
  @Override
  protected void doGet(HttpServletRequest request, HttpServletResponse response)
  throws ServletException, IOException {
    doPost(request, response);
  }
  @Override
  protected void doPost(HttpServletRequest request, HttpServletResponse response)
  throws ServletException, IOException {
    System.out.println("MyServlet is processing a request.");
    //在这里编写处理请求的逻辑,生成响应
    response.setContentType("text/html");
    PrintWriter out = response.getWriter();
    out.println("<html><body>");
    out.println("<h1>Hello from MyServlet!</h1>");
    out.println("</body></html>");
  }
  //销毁方法,在 Servlet 从内存中卸载前调用
  public void destroy() {
    System.out.println("MyServlet is being destroyed.");
    //可以在这里执行一些清理操作,如释放资源
```

```
    }
}
```

在这个例子中，MyServlet 类继承自 HttpServlet 类，并重写了 init()、service()和 destroy()方法。重新启动服务器，在浏览器中输入 http://localhost:8080/WebPro/myServlet，程序在浏览器中的运行结果如图 3-5 所示。

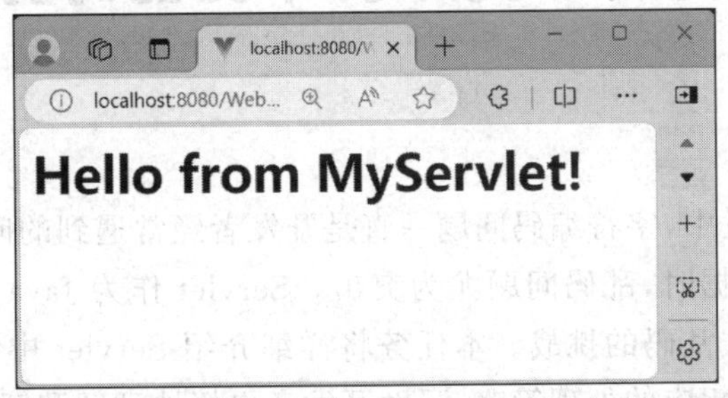

图 3-5 MyServlet 类运行结果

如图 3-6 所示，从开发环境的后台管理窗口可以看到，当启动服务器 Tomcat 的时候，会运行 init()方法，后端输出“MyServlet is being initialized.”。当从浏览器访问该 Servlet 时，后端输出“MyServlet is processing a request.”，这表示运行了 doGet()方法。

```
Output
[2024-05-06 03:08:52,196] Artifact WebPro:war exploded: Deploy took 511 milliseconds
06-May-2024 15:09:01.660 信息 [localhost-startStop-1] org.apache.catalina.startup.HostConfig.deployDirect
06-May-2024 15:09:01.700 信息 [localhost-startStop-1] org.apache.catalina.startup.HostConfig.deployDirect
MyServlet is being initialized.
MyServlet is processing a request.
```

图 3-6 启动 Tomcat 访问 Servlet 时后端运行结果

如图 3-7 所示，当关闭 Tomcat 时，后台管理窗口输出“Disconnected from server.”，这表示运行了 destroy()方法。

```
Output
06-May-2024 15:12:39.091 信息 [main] org.apache.coyote.AbstractProtocol.stop Stopping ProtocolHandler ["
06-May-2024 15:12:39.092 信息 [main] org.apache.coyote.AbstractProtocol.stop Stopping ProtocolHandler ["
06-May-2024 15:12:39.093 信息 [main] org.apache.coyote.AbstractProtocol.destroy Destroying ProtocolHandle
06-May-2024 15:12:39.094 信息 [main] org.apache.coyote.AbstractProtocol.destroy Destroying ProtocolHandle
Disconnected from server
```

图 3-7 关闭 Tomcat 时后端运行结果

任务小结

通过本任务的学习，深入了解了 Servlet 的生命周期，包括加载、初始化、处理请求、服务结束和卸载等关键阶段。这一过程对于优化 Web 应用的性能和资源管理至关重要。在 Servlet 的加载和初始化阶段，可以配置和准备必要的资源；在处理请求阶段，能够高效地响应客户端的请求；在服务结束和卸载阶段，则可以合理地释放资源，减少内存泄露。通过实践，加深了对 Servlet 生命周期的理解，为后续的 Web 应用开发奠定了坚实的基础。

任务 3.3　Servlet 中文乱码的处理

任务描述

在 Web 应用开发中，字符编码问题一直是开发者经常遇到的问题之一。特别是在处理包含中文字符的数据时，乱码问题尤为突出。Servlet 作为 Java Web 应用的重要组成部分，也经常面临中文乱码的挑战。本任务将详细介绍 Servlet 中中文乱码的产生原因、常见的乱码场景以及相应的处理策略，帮助开发者更好地理解和解决中文乱码问题。

知识储备

1. 中文乱码

由于计算机中的数据都是以二进制形式存储的，因此当传输文本时，就会发生字符和字节之间的转换。字符与字节之间的转换是通过查码表完成的，将字符转换成字节的过程称为编码，将字节转换成字符的过程称为解码，如果编码和解码使用的码表不一致，就会导致乱码问题。

2. Servlet 中文乱码处理方式

处理 Servlet 中文乱码问题，首先需要理解乱码出现的机制。通常情况下，乱码会出现在表单提交时，尤其是在使用 GET 和 POST 提交方式时。当浏览器发送请求时，如果所用的编码格式与服务器端的编码格式不一致，就可能产生乱码。例如，Tomcat 默认的编码方式是 ISO-8859-1，不支持中文字符，所以当使用这种方式处理中文字符时，就可能出现乱码。解决 Servlet 中文乱码的方法主要有以下几种。

(1) 设置 request 和 response 对象的编码格式为 UTF-8。代码如下：

```
request.setCharacterEncoding("utf - 8");
response.setContentType("text/html;charset = utf - 8");
```

(2) 获取请求参数时，指定正确的编码格式。例如，使用 new String(request.getParameter("chinesetext").getBytes("ISO-8859-1"),"UTF-8")来转换编码格式。

(3) 如果是表单提交产生的乱码，需要对 get 和 post 两种提交方式进行不同的处理。因为 get 请求的数据是附加在 URL 地址之后的，而 post 请求的数据是作为请求体的一部分传递给服务器的。

字符编码的方法如表 3-5 所示。

表 3-5　字符编码的方法

方法声明	功能描述
void setContentType (String type)	该方法用于设置 Servlet 输出内容的 MIME 类型，对于 HTTP 协议来说，就是设置 Content-Type 响应头字段的值。例如，如果发送到客户端的内容是 jpeg 格式的图像数据，就需要将响应头字段的类型设置为"image/jpeg"。需要注意的是，如果响应的内容为文本，setContentType()方法还可以设置字符编码，如 text/html; charset=UTF-8
void setLocale(Locale loc)	该方法用于设置响应消息的本地化信息。对 HTTP 来说，就是设置 Content-Language 响应头字段和 Content-Type 头字段中的字符集编码部分。需要注意的是，如果 HTTP 消息没有设置 Content-Type 头字段，setLocale()方法设置的字符集编码不会出现在 HTTP 消息的响应头中；如果调用 setCharacterEncoding 或 setContentType()方法指定了响应内容的字符集编码，setLocale()方法将不再具有指定字符集编码的功能
void setCharacterEncoding(String charset)	该方法用于设置输出内容使用的字符编码，对 HTTP 协议来说，就是设置 Content-Type 头字段中的字符集编码部分。如果没设置 Content-Type 头字段，setCharacterEncoding 方法设置的字符集编码不会出现在 HTTP 消息的响应头中。SetCharacterEncoding()方法比 setContentType()和 setLocale()方法的优先权高，它的设置结果将覆盖 setContentType()和 setLocale()方法所设置的字符码表

任务实施

有一个简单的 Servlet 应用，用户通过 HTML 表单提交数据到 Servlet，Servlet 接收到数据后将其显示在页面上。然而，由于编码问题，当表单中包含中文字符时，Servlet 接收到的数据可能会出现乱码。

对于上述的问题，有以下解决方案。

(1) 设置请求字符编码：在 Servlet 中，需要使用 request.setCharacterEncoding("UTF-8")来设置请求字符编码，确保从表单等获取的数据能够正确解码。

(2) 设置响应字符编码：在 Servlet 中，还需要使用 response.setContentType("text/html; charset=UTF-8")来设置响应的字符编码，确保向客户端输出的中文字符能够正确显示。

首先在 chapter03 文件夹下新建一个 index.html，代码如下：

```
<!DOCTYPE html>
<html lang="en">
<head>
    <meta charset="UTF-8">
    <title>Title</title>
</head>
<body>
```

```
<form action = "../processForm" method = "post">
  <label for = "name">姓名:</label>
  <input type = "text" id = "name" name = "name">
  <input type = "submit" value = "提交">
</form>
</body>
</html>
```

index.html 的运行结果如图 3-8 所示。

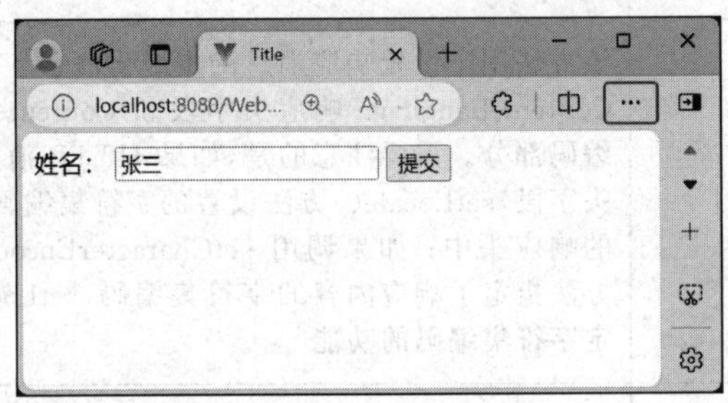

图 3-8 index.html 的运行结果

将表单中的内容提交到 Servlet 上，并在 Servlet 中显示表单中提交的中文信息。在 com.imeic.controller 包下新建一个 Servlet，名称为 ProcessFormServlet，代码如下：

```
package com.imeic.controller;
import javax.servlet.*;
import javax.servlet.annotation.WebServlet;
import javax.servlet.http.*;
import java.io.IOException;
import java.io.PrintWriter;
@WebServlet("/processForm")
public class ProcessFormServlet extends HttpServlet {
  @Override
  protected void doGet (HttpServletRequest request, HttpServletResponse response)
  throws ServletException, IOException {

  }
  @Override
  protected void doPost (HttpServletRequest request, HttpServletResponse response)
  throws ServletException, IOException {
//设置请求字符编码为 UTF-8,解决 POST 表单提交时的乱码问题
    request.setCharacterEncoding("UTF-8");
    //从表单中获取数据
    String name = request.getParameter("name");
    //设置响应的 Content-Type 和字符编码,确保中文字符能够正确显示
    response.setContentType("text/html;charset = UTF-8");
    PrintWriter out = response.getWriter();
    //将数据输出到页面上
    out.println("<html><head><title>处理结果</title></head><body>");
    out.println("<h1>您提交的名字是:" + name + "</h1>");
```

```
        out.println("</body></html>");

    }
}
```

ProcessFormServlet 的运行结果如图 3-9 所示。

图 3-9 ProcessFormServlet 的运行结果

启动 Web 容器，并通过浏览器访问 HTML 表单页面(http://localhost:8080/WebPro/chapter03/index.html)，在表单中输入中文字符，并提交表单，查看 Servlet 处理后的结果页面，该页面应该能够正确显示中文字符，而不会出现乱码。

任务小结

处理 Servlet 中文乱码时需要注意以下三点。

(1) 确保 HTML 页面的字符编码与 Servlet 中设置的字符编码一致(本任务中均为 UTF-8)。

(2) 如果应用程序同时处理 GET 和 POST 请求，需要在处理 GET 请求时也设置请求字符编码(尽管 GET 请求的参数通常由 URL 传递，并且已经被浏览器进行了 URL 编码)。

(3) 如果在 URL 中直接传递中文字符，可能需要对 URL 进行编码和解码处理。在 Java 中，可以使用 java.net.URLEncoder 和 java.net.URLDecoder 类进行 URL 的编码和解码。

任务 3.4 使用 Servlet 实现会话跟踪

任务介绍

在 Web 应用中，会话跟踪(session tracking)是一个非常重要的概念，它允许服务器在多个页面请求之间识别同一个用户，从而维持用户的会话状态。通过会话跟踪，服务器可以记住用户的身份、偏好、购物车内容等，从而为用户提供更加个性化和连贯的体验。本任务将通过使用 session 对象判断会话中是否包含用户信息。

1. 会话与会话跟踪

1）会话

Web 应用中的会话过程类似于生活中的打电话过程。会话是一个客户端（浏览器）与 Web 服务器之间连续发生的一系列请求和响应的交互过程。

2）会话跟踪

对同一个用户对服务器的连续请求和接受响应的监视，被称为会话跟踪。

3）会话跟踪的重要性

在 HTTP 协议中，每个请求和响应都是独立的。但是，对于一个用户的多次请求，往往需要把这些请求视为一个整体来处理，这时就需要由会话跟踪技术实现了。会话跟踪对客户端浏览器发出请求到服务器响应客户端请求的全过程进行监视，特别是对于同一个用户对服务器的连续请求和接收响应的情况进行跟踪。HTTP 本身是不保存连接交互信息的，也就是说，一次响应完成之后立即断开连接，下一次请求需要重新建立连接，服务器不会记录上次连接的内容。因此，需要通过某种技术手段判断两次连接是否为同一用户，这就是会话跟踪的主要目标。

4）会话跟踪技术的功能

会话跟踪技术解决了客户端与服务器之间的通信问题，它能够跟踪和记录用户的每次请求和响应。其主要的功能包括：①跟踪客户端与服务器端的交互；②保存和记忆相关的信息；③保存请求的状态信息。

2. Cookie 和 Session

生活中，人们经常在网上购物。例如，用户 A 和用户 B 分别登录了购物网站，A 购买了一部华为手机，B 购买了一部华为 PAD，当这两个用户结账时，Web 服务器需要对用户 A 和用户 B 的信息分别进行保存。Servlet 提供了两个用于保存会话数据的对象，分别是 Cookie 和 Session。

1）Cookie 对象

Cookie 是 Web 服务器发送给客户端的一小段信息。如果服务器需要在客户端记录某些数据，就可以向客户端发送 Cookie，客户端接收并保存该 Cookie，而且客户端每次访问该服务器上的页面时就会将 Cookie 随请求数据一同发送给服务器。下面从向客户端发送 Cookie 和从客户端读取 Cookie 两方面来介绍 Cookie 的使用方法。

(1) 向客户端发送 Cookie。首先需要创建 Cookie 对象：Cookiec = newCookie ("cookieName"," cookieValue")；然后需要调用 setMaxAge (long time)为 Cookie 对象设置有效时间（该时间参数以秒为单位），否则，当浏览器关闭时 Cookie 就会被删除；最后使用 HttpServletResponse 对象的 addCookie(Cookie c)方法把 Cookie 对象添加到 HTTP 响应头中，以发送到客户端。

(2) 从客户端读取 Cookie。首先获取客户端上传的 Cookie 数组：调用 HttpServletRequest 对象的 getCookies()方法，得到一个 Cookie 对象的数组；然后遍历该数组，寻找需要的 Cookie 对象，通过 Cookie 的 getName()方法，获取 Cookie 对象的 name 属性，通过 getValue()方法获取 Cookie 对象的值。

2) Cookie API

为了封装 Cookie 信息，在 Servlet API 中提供了一个 javax. servlet. http. Cookie 类，该类包含了生成和提取 Cookie 信息中各个属性的方法。Cookie 的构造方法和常用方法具体如下。

(1) 构造方法。Cookie 类有且仅有一个构造方法，具体语法格式如下。

```
public Cookie (java.lang.String name,java.lang.String value);
```

在 Cookie 的构造方法中，参数 name 用于指定 Cookie 的名称，value 用于指定 Cookie 的值。需要注意的是，Cookie 一旦创建，它的名称就不能更改，而 Cookie 的值可以为任何值，创建后允许被修改。

(2) Cookie 类的常用方法。通过 Cookie 的构造方法创建 Cookie 对象后，便可调用该类的所有方法。Cookie 类的常用方法如表 3-6 所示。

表 3-6 Cookie 类的常用方法

方法声明	功能描述
String getValue()	用于返回 Cookie 的值
void setMaxAge(int expiry)	用于设置 Cookie 在浏览器上保持的有效秒数
int getMaxAge()	用于返回 Cookie 在浏览器上保持的有效秒数
void setPath(String uri)	用于设置该 Cookie 项的有效路径
String getPath()	用于返回该 Cookie 项的有效路径
void setDomain(String pattern)	用于设置该 Cookie 项的有效域
String getDomain()	用于返回该 Cookie 项的有效域
void setVersion(int v)	用于设置该 Cookie 项采用的议版本
int getVersion()	用于返回该 Cookie 项采用的协议版本
void setComment(String purpose)	用于设置该 Cookie 项的注解部分
String getComment()	用于返回该 Cookie 项的注解部分
void setSecure(boolean flag)	用于设置该 Cookie 项是否只能使用安全的协议传送
boolean getSecure()	用于返回该 Cookie 项是否只能使用安全的协议传送
String getName()	用于返回 Cookie 的名称
void setValue (String newValue)	用于为 Cookie 设置一个新的值

3) Session 对象

(1) Session 的作用。Session 对象用于在访问一个网站时发出多个页面请求，或者在多次页面跳转之间识别同一个用户，并且存储这个用户的相关信息。通常，从一个用户连接到某个服务器开始，直到关闭浏览器离开这个服务器为止，称为一次会话。不同用户可以获取不同的 Session 对象。

HttpSession 接口的方法主要分为两类：一类是查看和操作关于 session 信息的方

法，如 session 的 ID、创建时间、最近访问时间等；另一类是将对象绑定到 session 中，使用户信息在客户端与服务器端的多次连接中能够共享。

（2）Session 的工作机制。当浏览器访问 Web 服务器时，Servlet 容器就会创建一个 Session 对象和 ID 属性，Session 对象类似于医院的病历档案，ID 类似于患者就诊卡号。当客户端后续访问服务器时，只要将 ID 传递给服务器，服务器就能判断出该请求是哪个客户端发送的，从而选择与之对应的 Session 对象为其服务。

4）HttpSession API

public HttpSession getSession(boolean create)和 public HttpSession getSession()两个重载的方法都用于返回与当前请求相关的 HttpSession 对象。不同的是，第一个 getSession()方法根据传递的参数判断是否创建新的 HttpSession 对象，如果参数为 true，则在相关的 HttpSession 对象不存在时，创建并返回新的 HttpSession 对象，否则不创建新的 HttpSession 对象，而是返回 null。

第二个 getSession ()方法相当于第一个方法参数为 true 时的情况，在相关的 HttpSession 对象不存在时，总是创建新的 HttpSession 对象。需要注意的是，由于 getSession()方法可能会产生发送会话标识号的 Cookie 头字段，所以必须在发送任何响应内容之前调用 getSession()方法。

要想使用 HttpSession 对象管理会话数据，不仅需要获取 HttpSession 对象，还需要了解 HttpSession 接口中的相关方法。HttpSession 接口中的常用方法如表 3-7 所示。

表 3-7　HttpSession 接口中的常用方法

方法声明	功能描述
String getld()	用于返回与当前 HttpSession 对象关联的会话标识号
long getCreation Time()	用于返回 Session 创建的时间，这个时间是创建 Session 的时间与 1970 年 1 月 1 日 00:00:00 之间的时间差，以毫秒为单位
long getLastAccessedTime()	用于返回客户端最后一次发送与 Session 相关请求的时间，这个时间是发送请求的时间与 1970 年 1 月 1 日 00:00:00 之间的时间差，以毫秒为单位
void setMaxlnactivelnterval(int interval)	用于设置当前 HttpSession 对象可空闲的最长时间，以秒为单位，也就是修改当前会话的默认超时间隔
boolean isNew()	判断当前 HttpSession 对象是否是新创建的
void invalidate()	用于强制使 Session 对象无效
ServletContext getServletContext()	用于返回当前 HttpSession 对象所属的 Web 应用程序对象，即代表当前 Web 应用程序的 ServletContext 对象
void setAttribute(String name, Object value)	用于将一个对象与一个名称关联后存储到当前的 HttpSession 对象中
String getAttribute()	用于从当前 HttpSession 对象中返回指定名称的属性值
void removeAttribute (String name)	用于从当前 HttpSession 对象中删除指定名称的属性

任务实施

首先在 com. imeic. controller 包下新建一个 servlet，名称为 SessionTrackingServlet，代码如下：

```
package com. imeic. controller;
import javax. servlet. * ;
import javax. servlet. annotation. WebServlet;
import javax. servlet. http. * ;
import java. io. IOException;
import java. io. PrintWriter;
@WebServlet("/sessionTracking")
public class SessionTrackingServlet extends HttpServlet {
  @Override
  protected void doGet ( HttpServletRequest request, HttpServletResponse response )
  throws ServletException, IOException {
    //获取当前会话(如果不存在则创建一个)
    HttpSession session = request.getSession();
    //检查会话中是否已存在用户名属性
    String username = (String) session. getAttribute("username");
    if (username == null) {
      //用户名属性不存在,可能是用户首次访问
      //这里可以添加代码来处理用户首次访问的情况,如提示用户登录
      username = "匿名用户";
      session. setAttribute("username", username); //将会话属性存储到会话中
    }else{
      //第二次访问时,会话中已经包含 username 属性
      username = "张三";
      session. setAttribute("username", username);
    }
    //设置响应内容类型
    response. setContentType("text/html;charset = UTF - 8");

    //构造响应内容,显示当前用户名
    PrintWriter out = response. getWriter();
    out. println("< html >< head >< title >会话跟踪示例</title ></head >< body >");
    out. println("< h1 >当前用户:" + username + "</h1 >");
    out. println("</body ></html >");
  }
  @Override
  protected void doPost ( HttpServletRequest request, HttpServletResponse response)
  throws ServletException, IOException {
  }
}
```

在浏览器中输入：http://localhost:8080/WebPro/sessionTracking，运行结果如图 3-10 所示。

刷新该页面，第二次运行结果如图 3-11 所示。

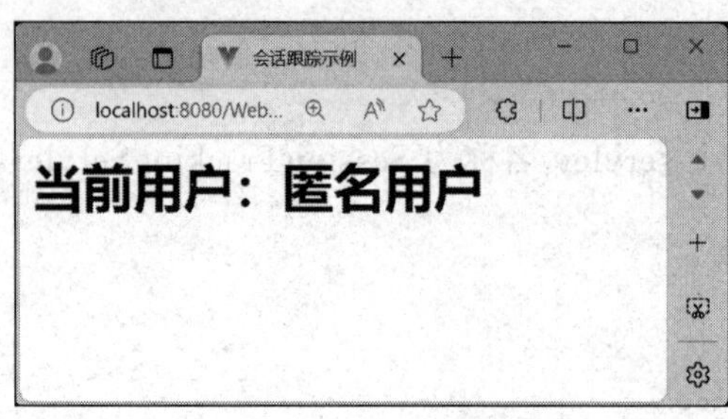

图 3-10　SessionTrackingServlet 首次运行结果

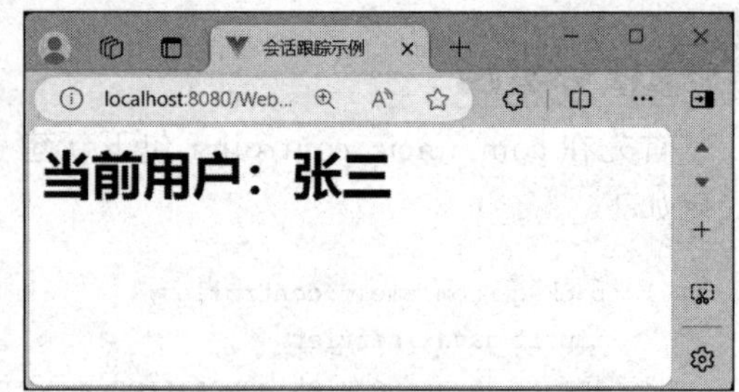

图 3-11　SessionTrackingServlet 第二次运行结果

在这个示例中，创建了一个名为 SessionTrackingServlet 的 Servlet 类，它处理 HTTP GET 请求。在 doGet()方法中，首先，通过调用 request.getSession()方法获取当前会话(如果不存在则创建一个)。其次，检查会话中是否已存在名为 username 的属性。如果不存在，将用户名设置为匿名用户，并将其存储到会话中。如果存在，将用户名设置为张三，并且将 username 属性重新绑定在 session 对象中。最后，构造一个 HTML 响应，显示当前用户名。当用户再次访问该 Servlet 时，由于会话 ID 的存在，服务器将能够识别该用户，并显示其之前设置的用户名。

任务小结

本任务通过 Servlet 实现了会话跟踪功能，展示了如何在 Web 应用中维持用户会话状态。通过 HttpSession 接口，能够存储和获取用户的会话属性，如用户名，从而实现个性化服务。在示例中，创建了一个简单的 Servlet，当用户首次访问时设置用户名属性，并在后续请求中显示该属性。该示例不仅演示了会话跟踪的基本概念，还展示了如何设置和获取会话属性以及处理会话超时等场景。通过本任务，能够加深对会话跟踪机制的理解，并掌握在 Servlet 中实现会话跟踪的基本方法。

任务 3.5　Servlet 的跳转和数据共享

任务介绍

在 Java Web 应用开发中，Servlet 作为服务器端处理用户请求的重要组件，经常需要与其他资源(如 JSP 页面、其他 Servlet 等)进行交互和跳转。本任务将介绍 Servlet 中常见的两种跳转方式：响应重定向(Response Redirect)和请求转发(Request Dispatch)，并探讨在这两种跳转方式下，不同的数据传递实现方法。

知识储备

Servlet 的主要作用是处理客户端请求，并向客户端做出响应。为此，针对 Servlet 的每次请求，Web 服务器在调用 service( )方法之前，都会创建两个对象，分别是 HttpServletRequest 和 HttpServletResponse。其中，HttpServletRequest 用于封装 HTTP 请求消息，简称 request 对象。HttpServletResponse 用于封装 HTTP 响应消息，简称 response 对象。request 对象和 response 对象在请求 Servlet 过程中至关重要。浏览器访问 Servlet 的过程如图 3-12 所示。

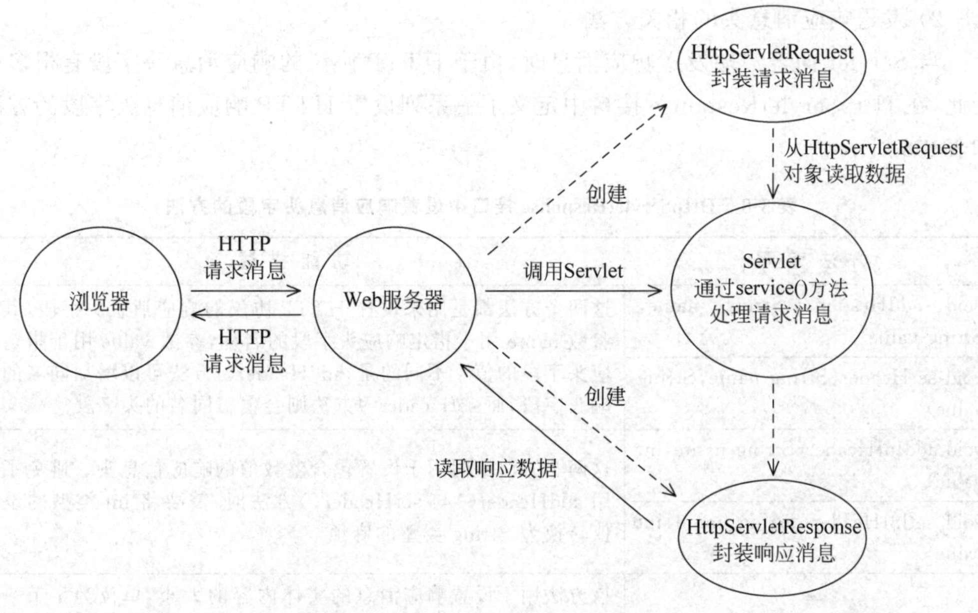

图 3-12 浏览器访问 Servlet 的过程

1. HttpServletResponse 对象

在 Servlet API 中定义了一个 HttpServletResponse 接口，它继承自 ServletResponse 接口，专门用于封装 HTTP 响应消息。由于 HTTP 响应消息分为状态行、响应头、消息体三部分，所以在 HttpServletResponse 接口中定义了向客户端发送响应状态码、响应头、响应消息体的方法。

1）发送状态码的相关方法

当 Servlet 向客户端发送响应消息时，需要在响应消息中设置状态码。为此，在 HttpServletResponse 接口中，定义了两个发送状态码的方法，具体如下。

(1) setStatus(int status)方法。该方法用于设置 HTTP 响应消息的状态码，并生成响应状态行。由于响应状态行中的状态描述信息直接与状态码相关，而 HTTP 版本由服务器确定，因此只要通过 setStatus(int status)方法设置状态码，即可实现状态行的发送。需要注意的是，正常情况下，Web 服务器会默认产生一个状态码为 200 的状态行。

(2) sendError(int sc)方法。该方法用于发送表示错误信息的状态码，如 404 状态码表示找不到客户端请求的资源。在 response 对象中提供了两个重载的 sendError(int sc)方法，具体如下。

```
public void sendError ( int code ) throws java . io . IOException
public void sendError ( int code , String message ) throws java . io . IOException
```

在上面重载的两个方法中,第一个方法只是发送错误信息的状态码。而第二个方法除了发送状态码,还可以增加一条用于提示说明的文本信息,该文本信息将出现在发送给客户端的正文内容中。

2）发送响应消息头的相关方法

当 Servlet 向客户端发送响应消息时,由于 HTTP 协议的响应消息头字段有很多种,为此,在 HttpServletResponse 接口中定义了一系列设置 HTTP 响应消息头字段的方法,如表 3-8 所示。

表 3-8 HttpServletResponse 接口中设置响应消息头字段的方法

方法声明	功能描述
void addHeader (String name, String value)	这两个方法都是用来设置 HTTP 协议的响应消息头字段,其中参数 name 用于指定响应头字段的名称,参数 value 用于指定响应头字段的值。不同的是,addHeader()方法可以增加同名的响应头字段,而 setHeader()方法则会覆盖同名的头字段
void setHeader(String name,String value)	
void addIntHeader(String name,int value)	这两个方法专门用于设置包含整数值的响应信息头。避免了使用 addHeader()与 setHeader()方法时,需要将 int 类型的设置值转换为 String 类型的麻烦
void setlntHeader(String name,int value)	
void setContentLength(int len)	该方法用于设置响应消息的实体内容的大小,单位为字节。对于 HTTP 协议来说,这个方法就是设置 Content-Length 响应头字段的值

2. HttpServletRequest 对象

当客户端通过 HTTP 协议访问服务器时,HTTP 请求头中的所有信息都会被封装在 HttpServletRequest 对象中。在 HttpServletRequest 接口中定义了获取请求行、请求头和请求消息体的相关方法。

1）获取请求行消息的相关方法

当访问 Servlet 时,会在请求消息的请求行中包含请求方法、请求资源名、请求路径等信息。为了获取这些信息,在 HttpServletRequest 接口中定义了一系列用于获取请求行的方法,如表 3-9 所示。

表 3-9 HttpServletRequest 接口中获取请求行消息的相关方法

方法声明	功能描述
String getMethod()	该方法用于获取 HTTP 请求行消息中的请求方式(如 GET、POST 等)
String getRequestURI()	该方法用于获取请求行中的资源名称部分,即位于 URL 的主机和端口之后、参数部分之前的部分

续表

方法声明	功能描述
String getQueryString()	该方法用于获取请求行中的参数部分，也就是资源路径后面问号(?)以后的所有内容
String getProtocol()	该方法用于获取请求行中的协议名和版本，如 HTTP/1.0 或 HTTP/1.1
String getContextPath()	该方法用于获取请求 URL 中属于 Web 应用程序的路径，这个路径以“/”开头，表示相对于整个 Web 站点的根目录，路径结尾不含“I”。如果请求 URL 属于 Web 站点的根目录，那么返回结果为空字符串
String getServletPath()	该方法用于获取 Servlet 的名称或 Servlet 所映射的路径
String getRemoteAddr()	该方法用于获取请求客户端的 IP 地址，其格式类似于“192.168.0.3”
String getRemoteHost()	该方法用于获取请求客户端的完整主机名，其格式类似于“pc1.itcast.cn”。需要注意的是，如果无法解析客户机的完整主机名，该方法将会返回客户端的 IP 地址
int getRemotePort()	该方法用于获取请求客户端网络连接的端口号
String getLocalAddr()	该方法用于获取 Web 服务器上接收当前请求网络连接的 IP 地址
String getLocalName()	该方法用于获取 Web 服务器上接收当前网络连接 IP 所对应的主机名
int getLocalPort()	该方法用于获取 Web 服务器上接收当前网络连接的端口号
String getServerName()	该方法用于获取当前请求所指向的主机名，即 HTTP 请求消息中 Host 头字段所对应的主机名部分
int getServerPort()	该方法用于获取当前请求所连接的服务器端口号，即 HTTP 请求消息中 Host 头字段所对应的端口号部分
String getScheme()	该方法用于获取请求的协议名，如 http、https 或 ftp
StringBuffer getRequestURL()	该方法用于获取客户端发出请求时的完整 URL，包括协议、服务器名、端口号、资源路径等信息，但不包括后面的查询参数部分。注意，getRequestURL()方法返回的结果是 StringBuffer 类型，而不是 String 类型，这样更便于对结果进行修改

2）获取请求头字段的方法

当请求 Servlet 时，需要通过请求头向服务器传递附加信息，如客户端可以接收的数据类型、压缩方式、语言等。为此，在 HttpServletRequest 接口中定义了一系列用于获取 HTTP 请求消息头的方法，如表 3-10 所示。

表 3-10 HttpServletRequest 接口中获取 HTTP 请求消息头的方法

方法声明	功能描述
String getHeader(String name)	该方法用于获取一个指定头字段的值，如果请求消息中没有包含指定的头字段，则 getHeader()方法返回 null；如果请求消息中包含多个指定名称的头字段，则 getHeader()方法返回其中第一个头字段的值

续表

方法声明	功能描述
Enumeration getHeaders (String name)	该方法返回一个 Enumeration 集合对象,该集合对象由请求消息中出现的某个指定名称的所有头字段值组成。在多数情况下,一个头字段名在请求消息中只出现一次,但有时可能会出现多次
Enumeration getHeaderNames( )	该方法用于获取一个包含所有请求头字段的 Enumeration 对象
int getIntHeader(String name)	该方法用于获取指定名称的头字段,并且将其值转为 int 类型。需要注意的是,如果指定名称的头字段不存在,则返回值为－1;如果获取到的头字段的值不能转为 int 类型,将发生 NumberFormatException 异常
long getDateHeader (String name)	该方法用于获取指定头字段的值,并将其按 GMT 时间格式转换成一个代表日期/时间的长整数,这个长整数是自 1970 年 1 月 1 日 00:00:00 秒算起的以毫秒为单位的时间值
String getContentType()	该方法用于获取 Content-Type 头字段的值,结果为 String 类型
int getContentLength()	该方法用于获取 Content-Length 头字段的值,结果为 int 类型
String getCharacterEncoding()	该方法用于返回请求消息的实体部分的字符集编码,通常是从 Content-Type 头字段中提取,结果为 String 类型

3) 获取 HTTP 请求消息体的方法

在实际开发中,经常需要获取用户提交的表单数据,如用户名、密码、联系方式等,为了方便获取表单中的请求参数,在 HttpServletRequest 接口的父类 ServletRequest 中定义了一系列获取请求参数的方法,如表 3-11 所示。

表 3-11　HttpServletRequest 接口中获取请求参数的方法

方法声明	功能描述
String getParamete(String name)	该方法用于获取某个指定名称的参数值,如果请求消息中没有包含指定名称的参数,则 getParameter()方法返回 null;如果指定名称的参数存在但没有设置值,则返回一个空字符串;如果请求消息中包含多个该指定名称的参数,则 getParameter()方法返回第一个出现的参数值
String[] getParameterValues (String name)	该方法用于返回一个 String 类型的数组,HTTP 请求消息中可以有多个相同名称的参数(通常由一个包含多个同名字段元素的 form 表单生成),如果要获得 HTTP 请求消息中的同一个参数名所对应的所有参数值,那么就应该使用 getParameterValues()方法
Enumeration getParameterNames()	该方法用于返回一个包含请求消息中所有参数名的 Enumeration 对象,在此基础上可以对请求消息中的所有参数进行遍历处理
Map getParameterMap()	该方法用于将请求消息中的所有参数名和值装入一个 Map 对象中并返回

3. 实现页面跳转

Servlet 之间的跳转主要有两种方式。

(1) 客户端跳转,这会改变地址栏的地址信息,它是通过 HttpServletResponse 接口的 sendRedirect()方法实现的。sendRedirect()方法的完整声明如下:

```
public void sendRedirect ( java . lang . String location ) throws java . io . IOException
```

需要注意的是，参数 location 可以使用相对 URL，Web 服务器会自动将相对 URL 翻译成绝对 URL，再生成 Location 头字段。

sendRedirect()方法的工作原理如图 3-13 所示。当客户端访问 Servlet1 时，Servlet1 通过执行 sendRedirect()方法通知客户端重定向到 Servlet2，客户端向 Servlet2 发送请求，Servlet2 加送响应信息。

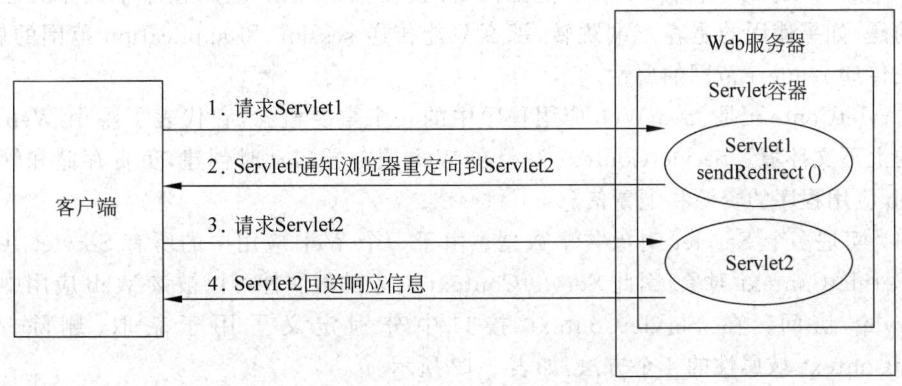

图 3-13 sendRedirect()方法的工作原理

(2) 服务器端跳转，也就是转发(forward)，这种方式不会改变地址栏的地址信息，并且能保持同一个请求和数据。在 Servlet 中，如果当前 Web 资源不想处理请求时，可以通过 forward()方法将当前请求传递给其他的 Web 资源进行处理，这种方式称为请求转发。也就是说，forward()方法将请求从一个 Servlet 传递给另一个 Web 资源。在 Servlet 中，可以对请求做一个初步处理，然后通过调用 forward()方法将请求传递给其他资源进行响应。需要注意的是，该方法必须在将响应提交给客户端之前被调用，否则将抛出 IllegalStateException 异常。

forward()方法的具体格式如下：

```
forward ( ServletRequest request , ServletResponse response )
```

forward()方法实现请求转发的工作原理如图 3-14 所示。

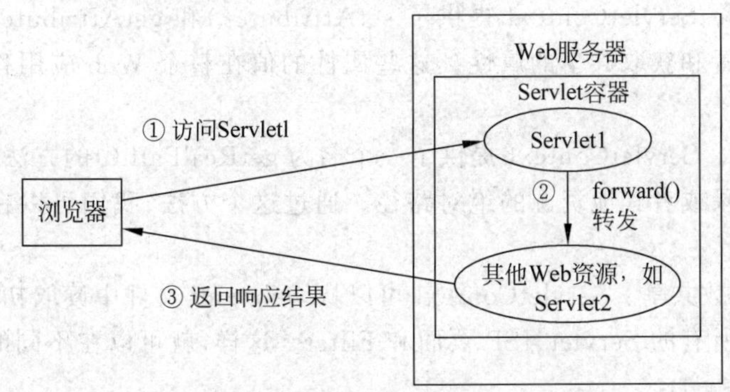

图 3-14 forward()方法的工作原理

从图 3-14 中可以看出,当客户端访问 Servlet 1 时,可以通过 forward()方法将请求转发给其他 Web 资源,其他 Web 资源处理完请求后,直接将响应结果返回到客户端。

4. 数据共享

Servlet 之间可以通过几种方式共享数据,其中一种方式就是通过 HttpServletRequest 对象的 setAttribute()方法和 getAttribute()方法设置和获取属性值。这些属性可以存储在 request、session 或 application 范围内,并且在整个 Web 应用程序中共享。但需要注意的是,如果使用的是客户端跳转,那么只能传递 session 和 application 范围的属性,而无法传递 request 范围的属性。

ServletContext 是 Java Web 应用程序中的一个重要概念,它代表了整个 Web 应用程序的上下文环境。ServletContext 对象在 Web 服务器启动时创建,负责存储和管理整个 Web 应用程序的资源和配置信息。

(1) 实现多个 Servlet 对象共享数据。由于一个 Web 应用中的所有 Servlet 共享同一个 ServletContext 对象,因此 ServletContext 对象的域属性可以被该 Web 应用中的所有 Servlet 访问。在 ServletContext 接口中分别定义了用于获取、删除、设置 ServletContext 域属性的 4 个方法,如表 3-12 所示。

表 3-12 ServletContext 接口的方法

方法说明	功能描述
Enumeration getAttributeNames()	返回一个 Enumeration 对象,该对象包含了所有存放在 ServletContext 中的所有域属性名
Object getAttibute(String name)	根据参数指定的属性名返回一个与之匹配的域属性值
void removeAttribute(String name)	根据参数指定的域属性名,从 ServletContext 中删除匹配的域属性
void setAttribute(String name, Object obj)	设置 ServletContext 的域属性,其中 name 是域属性名,obj 是域属性值

(2) ServletContext 的主要作用是实现 Web 应用程序之间的资源共享。通过 ServletContext,可以在不同的 Servlet、JSP 页面或 Filter 之间共享数据和资源。常见的 ServletContext 共享方式有:

① 属性共享。ServletContext 提供了 setAttribute()和 getAttribute()方法,用于在不同组件之间设置和获取共享的属性。这些属性的值在整个 Web 应用程序的生命周期内都是可见的。

② 文件共享。ServletContext 提供了一个名为 getRealPath()的方法,用于获取 Web 应用程序的根目录或者其他资源的绝对路径。通过这个方法,我们可以在不同的组件之间共享文件资源。

③ 初始化参数共享。ServletContext 可以从 web. xml 文件中读取初始化参数,并将这些参数传递给所有的 Servlet、JSP 页面和 Filter。这样,就可以在不同的组件之间共享初始化参数。

④ 监听器共享。ServletContext 可以注册和注销全局的 ServletContextListener 和

HttpSessionListener。这些监听器可以在 Web 应用程序的生命周期内监听事件，并在事件发生时执行相应的操作。

⑤ 线程安全。ServletContext 对象是线程安全的，这意味着多个线程可以同时访问同一个 ServletContext 对象，而不会出现线程安全问题。

总之，ServletContext 是 Java Web 应用程序中实现组件之间资源共享的重要工具。通过使用 ServletContext，可以方便地在不同的组件之间共享数据、资源和配置信息。

(3) ServletConfig 接口在 Java Web 应用中起着重要的作用，它是 Servlet 程序的配置信息类。这个接口的实例与 Servlet 程序一同由 Tomcat 负责创建。ServletConfig 具有以下四个主要的功能。

① 加载 servlet 的初始化参数：这是 ServletConfig 对象最主要的作用，它允许在一个 Web 应用中存在多个 ServletConfig 对象(每个 Servlet 对应一个 ServletConfig 对象)，这些初始化参数仅对当前的 Servlet 有效。

② 获取 Servlet 程序别名 servlet-name 的值：通过 ServletConfig，可以获得 Servlet 程序的别名。

③ 获取初始化参数 init-param：ServletConfig 还提供了一种获取 Servlet 的初始化参数的方法。

④ 获取 ServletContext 对象：ServletConfig 能帮助获得整个 Web 应用程序的上下文环境，即 ServletContext 对象。

因此，ServletConfig 是用于管理和传递 Servlet 程序配置信息的重要工具。

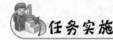

任务实施

在本案例中将使用 response 对象的 sendRedirect()方法来实现响应重定向，同时使用 URL 重写的方式传递参数，并在重定向后的 Web 资源中获取参数并显示。

首先在 com.imeic.controller 包下新建一个 Servlet，名称为 SendRedirectServlet，代码如下：

```
package com.imeic.controller;
import javax.servlet.*;
import javax.servlet.annotation.WebServlet;
import javax.servlet.http.*;
import java.io.IOException;
@WebServlet("/SendRedirectServlet")
public class SendRedirectServlet extends HttpServlet {
  @Override
  protected void doGet(HttpServletRequest request, HttpServletResponse response)
  throws ServletException, IOException {
    //设置要传递的参数
    String username = "JohnDoe";
    int age = 30;
    //URL 重写:构建带有参数的 URL
    String targetUrl = "chapter03/showInfo.jsp?username=" + username + "&age=" +
    age;
```

```
        //响应重定向
        response.sendRedirect(response.encodeRedirectURL(targetUrl));
    }
    @Override
    protected void doPost(HttpServletRequest request, HttpServletResponse response)
    throws ServletException, IOException {
    }
}
```

接着在 chapter03 目录下新建一个 JSP 页面，名称为 showInfo.jsp，代码如下：

```
<%@ page contentType="text/html;charset=UTF-8" language="java" %>
<html>
<head>
    <title>显示用户信息</title>
</head>
<body>
<h1>用户信息</h1>
<%
    //获取URL中的参数
    String username = request.getParameter("username");
    String ageStr = request.getParameter("age");
    int age = ageStr != null ? Integer.parseInt(ageStr) : 0; //注意处理异常或空值
    //显示信息
    out.println("用户名: " + username + "<br/>");
    out.println("年龄: " + age);
%>
</body>
</html>
```

在浏览器中输入 http://localhost:8080/WebPro/SendRedirectServlet，可以看到运行结果，如图 3-15 所示。

图 3-15　访问 SendRedirectServlet 的运行结果

在该案例中使用@WebServlet 注解指定 Servlet 的 URL 映射(/ServletName)，首先，在 doGet 方法中模拟了两个参数：用户名(username)和年龄(age)；其次，构建了一个带有这两个参数的 URL(/showInfo.jsp?username=JohnDoe&age=30)，使用 response.encodeRedirectURL()方法对 URL 进行编码，确保 URL 中的特殊字符(如空格)能够被正确处理；最后，使用 response.sendRedirect()方法将用户重定向到新

的 URL。

在 JSP 页面使用 request. getParameter()方法从 URL 中获取参数值。注意,年龄(age)被作为字符串接收,需要将其转换为整数(可能需要处理 NumberFormatException 异常或空值情况)。在 JSP 页面中,使用<% ... %>脚本片段编写 Java 代码,并使用 out. println()方法将用户信息输出到页面上。

使用 request 对象的 getRequestDispatcher(). forward(request,response)方法实现页面跳转,同时使用 setAttribute()方法绑定数据,并在跳转后的 Web 资源中获取参数并显示。

首先在 com. imeic. controller 包下新建一个 Servlet,名称为 ProductServlet,代码如下:

```
package com.imeic.controller;
import javax.servlet.*;
import javax.servlet.annotation.WebServlet;
import javax.servlet.http.*;
import java.io.IOException;
@WebServlet("/ProductServlet")
public class ProductServlet extends HttpServlet {
  @Override
  protected void doGet(HttpServletRequest request, HttpServletResponse response) throws ServletException, IOException {
      //设置要传递的参数
      String productName = "telephone";
      double productPrice = 999.99;
      //将参数添加到 request 属性中
      request.setAttribute("productName", productName);
      request.setAttribute("productPrice", productPrice);
      //转发到 JSP 页面
      RequestDispatcher dispatcher = request.getRequestDispatcher("chapter03/showProduct.jsp");
      dispatcher.forward(request, response);
  }
  @Override
  protected void doPost(HttpServletRequest request, HttpServletResponse response) throws ServletException, IOException {
  }
}
```

接着在 chapter03 目录下新建一个 JSP 页面,名称为 showProduct.jsp,代码如下:

```
<%@ page contentType="text/html;charset=UTF-8" language="java" %>
<html>
<head>
  <title>显示商品信息</title>
</head>
<body>
<h1>商品详情</h1>
```

```
<%
    //从 request 中获取属性
    String productName = (String) request.getAttribute("productName");
    double productPrice = (double) request.getAttribute("productPrice");
    //显示信息
    out.println("商品名称: " + productName + "<br/>");
    out.println("商品价格: $" + productPrice);
 %>
</body>
</html>
```

在浏览器中输入 http://localhost:8080/WebPro/ProductServlet，运行结果如图 3-16 所示。

图 3-16　访问 ProductServlet 的运行结果

当用户访问/ProductServlet 时，Servlet 的 doGet 方法被调用。设置两个要传递给 JSP 页面的参数：商品名称(productName)和商品价格(productPrice)。使用 request.setAttribute()方法将这两个参数作为属性添加到 request 对象中；接下来使用 request.getRequestDispatcher()方法获取一个 RequestDispatcher 对象，它指向要转发的 JSP 页面(/showProduct.jsp)；最后调用 dispatcher.forward(request, response)方法，将请求和响应对象转发给 JSP 页面。

在 JSP 页面中，使用 request.getAttribute()方法从 request 对象中获取之前设置的属性。由于商品价格是 double 类型，因此可直接从 request 对象中以 double 类型获取它，使用 out.println()方法将商品名称和价格输出到页面上。

通过这种方式，Servlet 和 JSP 能够协同工作，Servlet 负责处理业务逻辑和设置参数，而 JSP 则负责向用户展示数据。由于使用了内部转发，整个过程对用户来说是无感知的，看起来就像是一个完整的页面请求和响应。

任务小结

本任务通过 response.sendRedirect()方法指定了重定向的 URL，并在 URL 中通过查询参数的形式附加了信息。在 JSP 页面中，可以通过 request.getParameter()方法获取这些查询参数，并展示相应的信息。响应重定向的优点在于它属于客户端行为，允许用户重新发起请求，适用于需要跨域或需要刷新整个页面的场景。通过这种方式，体验了另一种页面跳转和参数传递的方式，增强了 Web 开发的灵活性。

本任务成功地展示了 Servlet 与 JSP 之间的协同工作流程。首先，在 ProductServlet 中，设置了商品名称和价格两个属性，并通过 request. setAttribute()方法将它们添加到 request 对象中。接着，利用 request. getRequestDispatcher(). forward()方法，将请求转发至 showProduct. jsp 页面。在 JSP 页面中，通过 request. getAttribute()方法提取了这两个属性，并使用 out. println()方法在页面上展示了商品信息。整个流程体现了 MVC 设计模式中的视图与控制器分离的原则，使得业务逻辑与数据展示清晰分离，提高了代码的可维护性和扩展性。

习　题

一、填空题

1. 在 Java Web 应用中，用于处理客户端请求并生成响应的 Java 类是________。

2. 在 Servlet 的生命周期中，当 Servlet 容器启动或客户端首次请求 Servlet 时，会调用________方法。

3. 当客户端请求 Servlet 时，Servlet 容器会调用 Servlet 的________方法来处理请求。

4. 在 Servlet 中，用于接收客户端发送的 GET 请求的参数，可以通过调用________对象的 getParameter()方法获取。

5. 在 Servlet 中，用于发送响应给客户端的对象是________。

6. 在 Servlet API 中，________接口定义了 Servlet 的基本方法。

7. 在 Servlet 中，用于设置响应内容类型的方法是________。

8. 在 Servlet API 中，用于获取 ServletConfig 对象的方法是________。

9. ServletConfig 对象用于在 Web 应用初始化时向 Servlet 传递配置信息，这些信息在 web. xml 文件中配置，并通过________方法获取。

10. 在 Servlet 中，使用________方法可以将请求转发到另一个资源(如 JSP 页面)进行处理。

11. Servlet 3.0 开始支持注解配置，用于替代 web. xml 文件的部分配置，其中用于标记 Servlet 类的注解是________。

12. 在 Servlet 中，用于处理 HTTP 请求中的 POST 方法的数据，可以通过调用________对象的 getInputStream 方法获取。

13. 在 Servlet API 中，________接口扩展了 Servlet 接口，增加了对 HTTP 协议的具体支持。

14. 在 Servlet 中，如果需要在客户端和服务器之间保持会话状态，可以使用________对象。

15. 在 Servlet 的生命周期中，当 Servlet 容器关闭或 Servlet 被移除时，会调用________方法。

二、选择题

1. 当 Servlet 容器首次加载 Servlet 时，会调用(　　)方法。

A. service()　　B. doGet()　　C. doPost()　　D. init()

2. Servlet 处理 HTTP 请求的方法(　　)。

A. processRequest()　　B. serviceRequest()

C. service()　　D. handleRequest()

3. 下列(　　)方法用于设置 HTTP 响应的内容类型。

A. setContentType()　　B. setResponseType()

C. setType()　　D. setMimeType()

4. Servlet 的生命周期方法中，(　　)方法是在 Servlet 被销毁前调用的。

A. init()　　B. service()　　C. destroy()　　D. doGet()

5. 在 Servlet 中，处理 HTTP GET 请求通常应覆盖(　　)方法。

A. service()　　B. doGet()　　C. doPost()　　D. process()

6. 下列(　　)对象代表 HTTP 会话。

A. HttpSession　　B. HttpServletRequest

C. HttpServletResponse　　D. ServletContext

7. Servlet 容器将 HTTP 请求对象作为参数传递给(　　)方法。

A. init()　　B. service()　　C. doGet()　　D. doPost()

模块四　JavaBean 技 术

本模块介绍 JavaBean 的基本概念、语法和用法，从而能够更好地利用 JavaBean 实现数据封装和业务逻辑的处理。本模块可以培养学习者的逻辑思维能力、规范化思维、抽象能力和问题解决能力，从而能够更好地应对实际项目中的需求，提高软件开发的效率和质量。

学习目标

（1）理解 JavaBean 的概念和作用。

（2）掌握 JavaBean 的基本语法和规范。

（3）掌握 JavaBean 的属性和方法。

（4）理解 JavaBean 的封装性、可重用性、持久化和序列化。

（5）掌握在 JSP 和 Servlet 中使用 JavaBean。

（6）理解 JavaBean 的范围和生命周期。

素质目标

（1）通过学习 JavaBean 的概念和作用，培养对数据封装和业务逻辑模块化的逻辑思维能力。

（2）通过学习 JavaBean 的命名规范、属性和方法的定义规范，培养编写规范化代码的思维习惯。

（3）通过学习 JavaBean 的属性和方法的定义，培养抽象数据和行为的能力，将现实世界的问题抽象为 JavaBean 对象的属性和方法。

（4）通过 JavaBean 解决问题的练习，培养分析和解决问题的能力。

（5）通过理解 JavaBean 的封装性和可重用性，培养将系统划分为模块并实现模块化开发的思维能力。

（6）通过学习在 JSP 和 Servlet 中使用 JavaBean，培养在不同层级（表现层、业务逻辑层、持久化层）进行开发的思维能力。

任务 4.1　JavaBean 简介及应用

任务描述

通过查阅相关文档，了解 JavaBean 的规范，包括属性、getter 和 setter 方法、无参数的构造方法等。本任务根据给定的场景，设计一个 JavaBean，用于表示用户信息。

JavaBean 是一种可重用的 Java 组件，是一种符合特定规范的 Java 类，通常用于封装数据和提供操作数据的方法以及在不同的 Java 应用程序中共享数据和功能。JavaBean 是一种特殊的 Java 类，它遵循特定的命名规范和设计模式，通常用于表示应用程序中的数据对象，它的属性通过 getter 和 setter 方法访问和修改。JavaBean 还可以实现 Serializable 接口，以便在网络上传输或持久化存储，通常用于构建用户界面和业务逻辑的组件，可以在不同的 Java 应用程序中重复使用。JavaBean 的设计目标是提供一种简单、可重用和可扩展的组件模型，使开发人员能够更轻松地构建复杂的 Java 应用程序。

1. JavaBean 的定义

JavaBean 是一种符合特定命名规范和设计规范的 Java 类，通常包含私有属性、公共的无参数构造方法和用于访问属性的公共方法。

2. JavaBean 的特性

(1) 封装性：JavaBean 通过私有属性和公共的访问方法实现数据封装，保护数据不被直接访问或修改。

(2) 可重用性：JavaBean 可以被其他组件或模块重复使用，提高代码的可维护性和可重用性。

(3) 可序列化：JavaBean 可以实现 Serializable 接口，从而支持将对象序列化为字节流，便于在网络上传输或持久化存储。

3. JavaBean 的用途

(1) 数据封装：JavaBean 用于封装数据，提供统一的访问接口，隐藏内部实现细节。

(2) 业务逻辑处理：JavaBean 可以包含业务逻辑处理的方法，实现对数据的处理和操作。

(3) 在图形界面开发中，JavaBean 可用于创建可视化组件，如按钮、文本框等，方便界面的设计和开发。

4. JavaBean 的命名规范

JavaBean 的命名规范：要求类名以大写字母开头，属性和方法的命名要符合驼峰命名规范，同时提供公共的访问方法(getter 和 setter)用于访问属性。这些特性和规范使得 JavaBean 成为 Java 开发中常用的数据封装和业务逻辑处理的工具。

5. JavaBean 的作用

(1) 数据封装：JavaBean 通过封装数据的方式，将属性和方法组织在一起，提供了更加清晰和可控的数据访问接口，降低了数据被误用或错误修改的风险。

（2）模块化设计：JavaBean 可以被看作一个具有特定功能的模块，通过将功能相关的属性和方法封装在 JavaBean 中，实现了代码的模块化设计，提高了代码的可维护性和可重用性。

（3）业务逻辑处理：JavaBean 可以包含业务逻辑处理的方法，使业务逻辑与数据相关联，实现数据和行为的封装，方便在不同的应用中重复使用和扩展。

（4）可视化开发：在图形用户界面（GUI）开发中，JavaBean 可用于创建可视化组件，如按钮、文本框等，方便界面的设计和开发，实现界面和业务逻辑的分离。

（5）框架整合：JavaBean 可以很好地与各种开发框架和技术整合。如 Spring 框架、Struts 框架等，通过 JavaBean 实现业务逻辑的处理和数据的传递。

（6）可移植性：JavaBean 对象可以被序列化为字节流，从而方便在网络上传输或进行持久化存储，实现对象的可移植性和跨平台性。

综合来看，JavaBean 在 Java 开发中扮演着数据封装、业务逻辑处理、模块化设计和可视化开发等多重角色，是 Java 开发中非常重要的组件和设计模式之一。通过合理地设计和使用 JavaBean，可以提高代码的可维护性、可重用性和系统的灵活性。

6. 如何定义 JavaBean 类

JavaBean 是一种符合特定约定的 Java 类，通常用于表示应用程序中的数据实体或组件。JavaBean 类的命名约定是类名以大写字母开头，并且应该有一个无参的构造方法。JavaBean 类的属性应该是私有的，并且通过公共的 getter 和 setter 方法访问和修改属性的值。

JavaBean 类通常用于以下三个方面。

（1）数据实体：JavaBean 类可以表示应用程序中的数据实体，如用户、产品、订单等。它们通常包含属性和相关的 getter 和 setter 方法，以便在应用程序中对数据进行操作和传递。

（2）组件：JavaBean 类可以作为可重用的组件，用于在应用程序中实现特定的功能。例如，可以创建一个 JavaBean 类，处理日期和时间操作、文件上传、邮件发送等功能，并在应用程序的不同部分进行重复使用。

（3）数据传输对象（DTO）：JavaBean 类也经常用作数据传输对象，用于在不同层之间传递数据。例如，在 Web 应用程序中，可以使用 JavaBean 类表示表单数据，然后将其传递给后端处理。

JavaBean 类通常包括以下四个方面。

（1）私有属性：JavaBean 类的属性通常是私有的，以保护数据不被直接访问或修改。

（2）公共的 getter 和 setter 方法：JavaBean 类通常包含公共的 getter 和 setter 方法，用于访问和修改属性的值。

（3）可序列化：通常，JavaBean 类应该实现 Serializable 接口，以便在网络上传输或持久化到磁盘。

（4）无参构造方法：JavaBean 类应该有一个无参的构造方法，以便其他组件可以对它进行实例化。

总之，JavaBean 是一种符合特定规范的 Java 类，用于表示数据实体、组件或数据传输对象，它的属性通过 getter 和 setter 方法进行访问和修改。

假设正在开发一个商品管理系统，需要表示和存储商品的基本信息，包括商品的编号、名称、库存、价格等信息。在这个场景中，可以使用 JavaBean 封装这些用户信息。

在项目中新建一个包，名称为 com.imeic.pojo，创建一个 Java 类，名称为 Product，代码如下：

```
package com.imeic.pojo;
public class Product {
  private String productId;
  private String productName;
  private int number;
  private double price;
  //无参构造方法
  public Product() {

  }
  //对应每一个成员变量都有一个 getter 方法,用于获取属性的值
  public String getProductId() {
    return productId;
  }
  //对应每一个成员变量都有一个 setter 方法,用于给成员属性赋值
  public void setProductId(String productId) {
    this.productId = productId;
  }
  public String getProductName() {
    return productName;
  }
  public void setProductName(String productName) {
    this.productName = productName;
  }
  public int getNumber() {
    return number;
  }
  public void setNumber(int number) {
    this.number = number;
  }
  public double getPrice() {
    return price;
  }
  public void setPrice(double price) {
    this.price =
}
```

任务小结

JavaBean 实质上是一个 Java 类,但其具有自己的特点,JavaBean 的特点包括以下六个方面。

(1) JavaBean 是公共类。

(2) 有一个默认的无参构造方法。

(3) 属性必须声明为 private,方法必须声明为 public。

(4) 用一组 setter 方法设置 JavaBean 的内部属性。

(5) 用一组 getter 方法获取内部属性的值。

(6) JavaBean 是一个没有 main 方法的类(可以编写 main 方法进行 JavaBean 功能的测试)。

任务 4.2 与 JavaBean 相关的标签

任务描述

本任务将主要介绍 JSP 与 JavaBean 相关标签的使用,通过使用标签,能解决因在 JSP 页面使用 JSP 标签和 Java 代码给程序带来的可读性较差导致的弊端。

知识储备

JavaBean 和 JSP 技术的结合不仅可以实现表示层和业务逻辑层的分离,还可以提高 JSP 程序运行的效率和代码重用的程度,并且可以实现并行开发,这些是 JSP 编程中常见的技术。在 JSP 中提供了<jsp:useBean>、<jsp:getProperty>、<jsp:setProperty>动作元素以实现对 JavaBean 的操作。

1. <jsp:useBean>标签

<jsp:useBean>可以定义一个具有一定生存范围以及一个唯一 id 的 JavaBean 实例,JSP 页面可以通过指定的 id 识别 JavaBean,也可以通过 id.method 语句调用 JavaBean 中的方法。在执行过程中,<jsp:useBean>首先会尝试寻找已经存在的具有相同 id 和 scope 值的 JavaBean 实例,如果没有,就会自动创建一个新的实例。

<jsp:useBean>的基本语法格式如下:

```
<jsp:useBean id = "beanName" scope = "page|request|session|application"
class = "packageName.className" type = "typeName" beanName = "" />
```

<jsp:useBean>动作元素的基本属性如表 4-1 所示。

表 4-1 <jsp:useBean>动作元素的基本属性

属性名	功 能
id	JavaBean对象的唯一标志，代表了一个JavaBean对象的实例。它具有特定的存在范围，在JSP中通过id识别JavaBean
scope	代表了JavaBean对象的生存时间，可以是page、request、session、application中的一种，默认是page
class	代表了JavaBean对象的class名，需要特别注意的是，大小写要完全一致
type	指定引用了JavaBean实例的变量类型
beanName	指定JavaBean的名字，如果提供了type属性和beanName属性，就允许省略class属性

<jsp:useBean>动作元素中scope属性的说明如下。

(1) page：可以在包含<jsp:useBean>的JSP文件以及此文件的所有静态包含文件中使用指定的JavaBean，直到页面执行完毕，向客户端发出响应，或转到另一个页面为止。

(2) request：在任何执行相同请求的JSP文件中都可以使用JavaBean，直到页面执行完毕，向客户端发出响应，或转到另一个页面为止。

(3) session：从创建指定的JavaBean开始，能在任何使用相同session的JSP文件中使用指定的JavaBean，该JavaBean存在于整个session生命周期中。

(4) application：从创建JavaBean开始，在任何使用相同application的JSP文件中使用指定的JavaBean，该JavaBean存在于整个application的生命周期中，直至服务器重新启动。

2. <jsp:setProperty>标签

使用<jsp:setProperty>元素，可以设置JavaBean属性值。<jsp:setProperty>的基本语法格式如下：

```
<jsp:setProperty name = "beanName" last_syntx />
```

其中，name属性代表已经存在的且具有一定生存范围的JavaBean实例，last_syntx代表的语法如下：

```
property = " * "|
property = "propertyName"|
property = "propertyName" param = "paramName"|
property = "propertyName" value = "propertyValue"
```

<jsp:setProperty>动作元素的基本属性如表4-2所示。

表 4-2 <jsp:setProperty>动作元素的基本属性

属性名	功 能
name	代表通过<jsp:useBean>定义的JavaBean对象实例
property	代表要设置的属性property的名字

续表

属性名	功　能
param	代表页面请求 request 的参数名字,<jsp:setProperty>元素不能同时使用 param 和 value 属性
value	代表赋给 JavaBean 的属性 property 的具体值

<jsp:setProperty name="bean" property="*"/>语句用来设定 JavaBean 的属性,JSP 支持内省机制。内省机制是指当服务器接收到请求时,根据请求的参数名称自动设定与 JavaBean 相同属性名称的值。

<jsp:setProperty>就是通过内省机制设定窗体传来的所有参数,若参数名称与 JavaBean 属性一样,就自动把参数值利用 JavaBean 中的 set×××方法设定给 JavaBean 属性。从窗体传来的数据都是 String 类型的,JSP 容器会自动根据 JavaBean 属性的定义进行类型转换。JSP 容器在转换类型时调用的方法如表 4-3 所示。

表 4-3　JSP 容器转换类型时调用的方法

属性类型	JSP 容器在转换类型时自动调用的方法
boolean 或 Boolean	Boolean.valueOf(String)
byte 或 Byte	Byte.valueOf(String)
char 或 Character	String.charAt(0)
double 或 Double	Double.valueOf(String)
float 或 Float	Float.valueOf(String)
int 或 Integer	Integer.valueOf(String)
short 或 Short	Short.valueOf(String)
long 或 Long	Long.valueOf(String)
Object	new String(String)

3. <jsp:getProperty>标签

使用<jsp:getProperty>可以得到 JavaBean 实例的属性值,并将其转换为 java.lang.String,最后放置在隐含的 out 对象中。JavaBean 的实例必须在<jsp:getProperty>前面定义。

<jsp:getProperty>的基本语法格式如下:

```
<jsp:getProperty name = "beanName" property = "propertyName" />
```

<jsp:getProperty>动作元素的基本属性如表 4-4 所示。

表 4-4　<jsp:getProperty>动作元素的基本属性

属性名	功　能
name	代表通过<jsp:useBean>定义的 JavaBean 对象实例
property	代表要获得值的那个 property 属性的名称

任务实施

将产品信息封装在一个 JavaBean 中，并通过表单提交的方式，将产品信息提交给 JSP 页面。在 JSP 页面中使用相关的 JavaBean 标签，进行产品对象的封装，有以下三种实施方式。

(1) 在 chapter04 目录下新建一个 JSP 页面，名称为 p1.jsp，代码如下：

```
<%@ page contentType="text/html;charset=UTF-8" language="java" %>
<html>
<head>
  <title>Title</title>
</head>
<body>
<% request.setCharacterEncoding("UTF-8"); %>
<% response.setCharacterEncoding("UTF-8"); %>
<h1>输入产品信息</h1>
<form action="doProduct1.jsp" method="post">
  <label for="productId">产品 ID :</label>
  <input type="text" id="productId" name="productId"><br><br>
  <label for="productName">产品名称:</label>
  <input type="text" id="productName" name="productName"><br><br>
  <label for="price">产品价格:</label>
  <input type="text" id="price" name="price"><br><br>
  <label for="number">产品数量:</label>
  <input type="text" id="number" name="number"><br><br>
  <input type="submit" value="添加产品">
</form>
</body>
</html>
```

通过 p1.jsp 页面中的表单提交按钮，将产品信息提交给 doProduct1.jsp 页面。在该页面中，使用<jsp:setProperty name="bean" property="*"/>实现产品对象的封装，代码如下：

```
<%@ page contentType="text/html;charset=UTF-8" language="java" %>
<%@ page import="com.imeic.pojo.Product" %>
<html>
<head>
  <title>Title</title>
</head>
<body>
<jsp:useBean id="product" class="com.imeic.pojo.Product" scope="request"/>
<jsp:setProperty name="product" property="*"/>
商品信息为:<br>
商品编号:<jsp:getProperty name="product" property="productId"/><br>
商品名称:<jsp:getProperty name="product" property="productName"/><br>
商品价格:<jsp:getProperty name="product" property="price"/><br>
```

```
商品数量:<jsp:getProperty name="product" property="number"/><br>
</body>
</html>
```

p1.jsp 页面的运行结果如图 4-1 所示。

图 4-1　p1.jsp 页面的运行结果

(2) 在 chapter04 目录下新建一个 jsp 页面，名称为 p2.jsp，代码如下：

```
<%@ page contentType="text/html;charset=UTF-8" language="java" %>
<html>
<head>
   <title>Title</title>
</head>
<body>
<% request.setCharacterEncoding("UTF-8"); %>
<% response.setCharacterEncoding("UTF-8"); %>
<h1>输入产品信息</h1>
<form action="doProduct2.jsp" method="post">
   <label for="productId">产品 ID :</label>
   <input type="text" id="productId" name="id"><br><br>
   <label for="productName">产品名称:</label>
   <input type="text" id="productName" name="name"><br><br>
   <label for="price">产品价格:</label>
   <input type="text" id="price" name="price"><br><br>
   <label for="number">产品数量:</label>
   <input type="text" id="number" name="number"><br><br>
   <input type="submit" value="添加产品">
</form>
</body>
</html>
```

通过 p2.jsp 页面中的表单提交按钮，将产品信息提交给 doProduct2.jsp 页面。在该页面中，使用"<jsp: setProperty name="bean" property="propertyName" value="value 值"/>"实现产品对象的封装，代码如下：

```
<%@ page contentType="text/html;charset=UTF-8" language="java" %>
<%@ page import="com.imeic.pojo.Product" %>
```

```
<html>
<head>
  <title>Title</title>
</head>
<body>
<jsp:useBean id="product" class="com.imeic.pojo.Product" scope="request"/>
<%
  String name = request.getParameter("id");
  String id = request.getParameter("name");
  String price = request.getParameter("price");
  String number = request.getParameter("number");
 %>
<jsp:useBean id="product" class="com.imeic.pojo.Product" scope="request">
  <jsp:setProperty name="product" property="productId" value="<% = id %>"/>
  <jsp:setProperty name="product" property="productName" value="<% = name %>"/>
  <jsp:setProperty name="product" property="price" value="<% = price %>"/>
  <jsp:setProperty name="product" property="number" value="<% = number %>"/>
  商品信息为:<br>
  商品编号:
  <jsp:getProperty name="product" property="productId"/>
  <br>
  商品名称:
  <jsp:getProperty name="product" property="productName"/>
  <br>
  商品价格:
  <jsp:getProperty name="product" property="price"/>
  <br>
  商品数量:
  <jsp:getProperty name="product" property="number"/>
  <br>
  </body>
  </html>
```

(3) 在 chapter04 目录下新建一个 JSP 页面,名称为 p3.jsp,代码如下:

```
<%@ page contentType="text/html;charset=UTF-8" language="java" %>
<html>
<head>
  <title>Title</title>
</head>
<body>
<% request.setCharacterEncoding("UTF-8"); %>
<% response.setCharacterEncoding("UTF-8"); %>
<h1>输入产品信息</h1>
<form action="doProduct3.jsp" method="post">
  <label for="productId">产品 ID:</label>
  <input type="text" id="productId" name="id"><br><br>
  <label for="productName">产品名称:</label>
  <input type="text" id="productName" name="name"><br><br>
  <label for="price">产品价格:</label>
```

```
    <input type="text" id="price" name="p"><br><br>
    <label for="number">产品数量:</label>
    <input type="text" id="number" name="num"><br><br>
    <input type="submit" value="添加产品">
</form>
</body>
</html>
```

通过 p3.jsp 页面中的表单提交按钮，将产品信息提交给 doProduct3.jsp 页面。在该页面中，使用“<jsp:setProperty name="bean" property="propertyName" param="参数名" />”实现产品对象的封装，代码如下：

```
<%@ page contentType="text/html;charset=UTF-8" language="java" %>
<%@ page import="com.imeic.pojo.Product" %>
<html>
<head>
    <title>Title</title>
</head>
<body>
<jsp:useBean id="product" class="com.imeic.pojo.Product" scope="request"/>
<jsp:setProperty name="product" property="productId" param="id"/>
<jsp:setProperty name="product" property="productName" param="name"/>
<jsp:setProperty name="product" property="price" param="p"/>
<jsp:setProperty name="product" property="number" param="num"/>
商品信息为:<br>
商品编号:<jsp:getProperty name="product" property="productId"/><br>
商品名称:<jsp:getProperty name="product" property="productName"/><br>
商品价格:<jsp:getProperty name="product" property="price"/><br>
商品数量:<jsp:getProperty name="product" property="number"/><br>
</body>
</html>
```

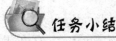

任务小结

在本任务中，我们深入探讨了 JSP 与 JavaBean 标签的使用，旨在通过标签化编程提升 JSP 页面的可读性。通过利用 JSP 内置标签和自定义标签库，将复杂的 Java 代码逻辑与页面展示逻辑分离，有效提高了代码的可读性和可维护性。

任务 4.3 JavaBean 的保存范围

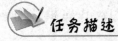

任务描述

本任务通过四个案例，详细阐述 JavaBean 在不同保存范围(如请求、会话、应用、页面)内的行为和应用。每个案例将围绕一个简单的计数器功能展开，以展示如何在不同的作用域中管理JavaBean的生命周期和状态。通过学习这四个案例，能够深入理解JavaBean在不同保存范围内的使用方法和技巧。

前面介绍的<jsp:useBean>动作元素中，scope属性有四个值，分别为page、request、session和application，详细介绍如下。

1. page范围

当JavaBean的范围设为page时，表示这个JavaBean的生命周期只在一个页面内，当页面执行完毕，向客户端发回响应或转到另一个文件时，则JSP容器会自动释放该JavaBean，结束生命周期，该JavaBean存在于当前页的PageContext对象中。

2. request范围

当JavaBean的范围为request时，这个JavaBean在整个请求的范围内都有效，而不仅在一个页面内有效。

当一个JSP程序使用<jsp:forward>操作指令定向到另一个JSP程序时，或者使用<jsp:include>操作指令导入另外的JSP程序时，第一个JSP程序会把request对象传送到下一个JSP程序，由于request范围的JavaBean存在于request对象中，因此JavaBean对象也会随着request对象送出，被第二个JSP程序接收。

3. session范围

当JavaBean的范围设为session时，表示JavaBean可以在当前HTTP会话的生存周期内被所有的页面访问，该JavaBean存在于session对象中。

4. application范围

设为application范围的JavaBean生命周期是最长的，从创建这个JavaBean开始，即可在任何使用相同application的JSP文件中使用这个JavaBean，该JavaBean存在于application对象中，application对象从Web应用程序启动时就被创建了。

在JSP中，页面作用域通常指的是一个JSP页面从被服务器调用开始，到执行完毕把结果发送到客户端，整个期间内变量的有效范围。但是，需要注意的是，标准的JSP和Servlet规范中并没有直接定义页面的作用域（与请求作用域、会话作用域和应用作用域不同）。然而，我们可以利用JSP页面的内置对象（如pageContext）和JavaBean模拟页面作用域的行为。

下面将展示如何在JSP页面中模拟页面作用域的计数器，使用CounterBean类记录计数器的值，并通过JSP页面的单次执行过程模拟页面作用域的生命周期。

在com.imeic.pojo包下新建一个JavaBean,名称为CounterBean,用于存储计数器的数据。代码如下:

```
package com.imeic.pojo;
public class CounterBean {
  private int count;
  public int getCount() {
    return count;
  }
  public void setCount(int count) {
    this.count = count;
  }
  //初始化方法(可选),用于设置初始值
  public void reset() {
    this.count = 0;
  }
}
```

在chapter04目录下新建一个JSP页面,名称为counterPage.jsp,代码如下:

```
<%@ page import="java.util.*" pageEncoding="UTF-8" %>
<html>
<head>
  <title>JavaBean的范围:page</title>
</head>
<body>
<h2>范围为page的JavaBean举例——页面访问次数</h2>
<jsp:useBean id="countP"
        class="com.imeic.pojo.CounterBean" scope="page">
</jsp:useBean>
<%
  countP.setCount(countP.getCount() + 1);
 %>
<p>您已访问
  <font color="red">
    <jsp:getProperty name="countP" property="count"/>
  </font>
  次</p>
<p>欢迎您再次访问!</p>
</body>
</html>
```

counterPage.jsp的运行结果如图4-2所示。

可以刷新该页面,观察此时页面的变化会发现,无论怎么刷新,显示的次数都是1次。这是因为当页面刷新时,JSP容器都会将以前的JavaBean清除,然后重新产生一个新的JavaBean,所以使用getProperty元素取值时,取出的值总是1。

使用JSP和JavaBean在请求作用域中实现一个计数器。计数器将在每次新的HTTP请求时重置为0,以模拟请求作用域中JavaBean的生命周期。

图 4-2　counterPage.jsp 的运行结果

在 chapter04 目录下新建一个 JSP 页面，名称为 counterRequest.jsp，代码如下：

```
<%@ page contentType="text/html;charset=UTF-8" language="java" %>
<%@ page import="com.imeic.pojo.CounterBean" %>
<%
  //创建新的 CounterBean 实例,并重置计数器
  CounterBean counter = new CounterBean();
  counter.reset();
  //递增计数器(这里仅作为示例,实际上在请求作用域中每次都会重置为 0)
  counter.setCount(counter.getCount() + 1);
 %>
<p>当前计数器值:<%= counter.getCount() %></p>
```

在浏览器中输入 http://localhost:8080/WebPro/chapter04/counterRequest.jsp，运行结果如图 4-3 所示。可以看到不管这个页面刷新多少次，计数器的值都是 1。

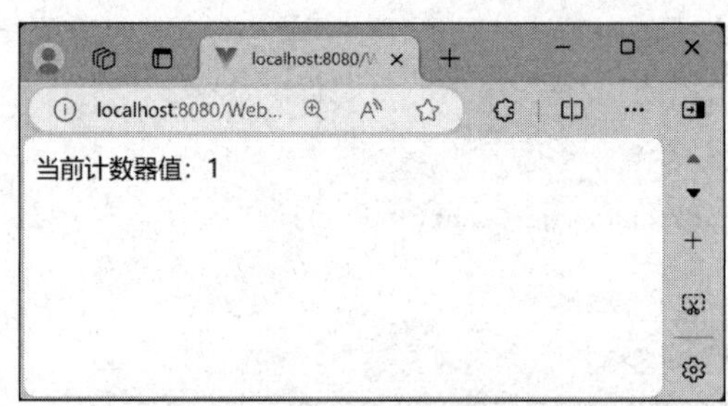

图 4-3　counterRequest.jsp 的运行结果

由于在每次请求时都创建了一个新的 CounterBean 实例，并立即重置了计数器，因此计数器实际上总是显示为 1，而不是递增的。这是因为在请求作用域中，JavaBean 的生命周期与请求的生命周期相同，每次请求结束后，JavaBean 实例都将被销毁。

CounterBean 这个类定义了计数器的属性（count）以及用于获取和设置该属性的方法[getCount()和 setCount()]。此外，还提供了一个 reset()方法用于重置计数器。

在 JSP 页面中，导入了 CounterBean 类，并在脚本片段(<% ... %>)中创建了一个新的实例。该实例调用了 reset()方法重置计数器，但由于请求作用域的特性，实际上每次重置计数器都会在新的请求中发生，导致计数器始终显示为 1。然后，递增计数器的值（尽管这个操作在请求作用域中并没有实际意义，因为计数器会立即被重置），并通过 JSP

表达式(<%= ... %>)将计数器的值显示在页面上。

使用 JSP 和 JavaBean 在会话作用域中实现一个计数器。计数器将在用户会话期间持续存在,直到会话结束,以模拟会话作用域中 JavaBean 的生命周期。

在 chapter04 目录下新建一个 JSP 页面,名称为 counterSession.jsp;在 JSP 页面中,将使用<jsp:useBean>标签查找或创建 CounterBean 实例,通过<jsp:setProperty>设置初始值,并使用<jsp:getProperty>显示计数器的值。同时,将使用脚本片段(<% %>)调用 increment 方法。代码如下:

```
<%@ page language="java" contentType="text/html; charset=UTF-8" pageEncoding=
"UTF-8" %>
<%@ page import="com.imeic.pojo.CounterBean" %>
<%-- 注意:这里没有直接用于 CounterBean 的 JSTL 标签,因为我们只是简单演示 JavaBean
标签的使用 --%>
<jsp:useBean id="counter" class="com.imeic.pojo.CounterBean" scope="session"/>
<%-- 如果有必要,可以使用<jsp:setProperty>设置初始值,但本例中我们直接在
JavaBean 中初始化 --%>
<%-- 增加计数器的值 --%>
<% counter.increment(); %>
<p>当前计数器值:<jsp:getProperty name="counter" property="count"/></p>
<%-- 提供一个链接,单击后可以重新加载页面以查看计数器是否递增 --%>
<a href="<%= request.getRequestURI() %>">重新加载页面</a>
```

在浏览器中输入 http://localhost:8080/WebPro/chapter04/counterSession.jsp,运行结果如图 4-4 所示。可以看到,不断单击重新加载页面的超链接,计数器的值在不断增加。

但是,重新打开一个浏览器,继续访问该程序,可以看到计数器是从 1 开始。

图 4-4　counterSession.jsp 的运行结果

在 chapter04 目录下新建一个 JSP 页面,名称为 counterApplication.jsp,代码如下:

```
<%@ page language="java" contentType="text/html; charset=UTF-8" pageEncoding=
"UTF-8" %>
<%@ page import="com.imeic.pojo.CounterBean" %>
<%-- 注意:这里没有直接用于 CounterBean 的 JSTL 标签,因为我们只是简单演示 JavaBean
标签的使用 --%>
<jsp:useBean id="counter" class="com.imeic.pojo.CounterBean" scope=
"application"/>
<%-- 如果有必要,可以使用<jsp:setProperty>设置初始值,但本例中我们直接在
```

```
    JavaBean 中初始化 -- %>
<%-- 增加计数器的值 -- %>
<% counter.increment(); %>
<p>当前计数器值:<jsp:getProperty name="counter" property="count"/></p>
<%-- 提供一个链接,单击后可以重新加载页面以查看计数器是否递增 -- %>
<a href="<%= request.getRequestURI() %>">重新加载页面</a>
```

在浏览器中输入 http://localhost:8080/WebPro/chapter04/counterApplication.jsp，运行结果如图 4-5 所示。可以看到，不断单击重新加载页面的超链接，计数器的值在不断增加。打开一个新的浏览器，计数器会继续增加，不会从头计数。

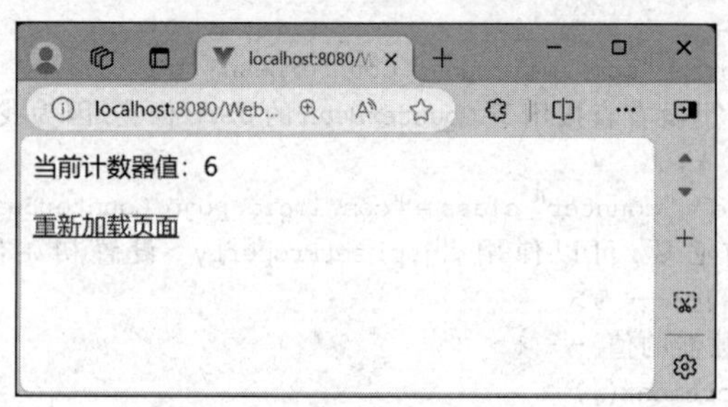

图 4-5　counterApplication.jsp 的运行结果

第一次执行 counterApplication.jsp 时，会发现访问次数为 1，并且在刷新页面时次数也在递增，与 counterSession.jsp 一样。不过，当启动另一个浏览器执行 counterApplication.jsp 时，就会发现两者的区别，在新打开的浏览器中，页面的数字不像 counterSession.jsp 那样从 1 开始，而是会接着递增下去。这是由于第一次执行 counterApplication.jsp 时创建了 JavaBean，另外一个浏览器执行的 counterApplication.jsp 仍然属于同一个 application，因此该页面使用的仍然是同一个 JavaBean。

任务小结

通过本任务的学习，我们成功地在 JSP 页面中使用 JavaBean 标签在不同作用域内实现了一个计数器。利用<jsp:useBean>标签，确保了 CounterBean 实例在会话期间的唯一性和持续性。通过调用 increment()方法并借助<jsp:getProperty>标签，实现了计数器的递增和显示功能。这一过程中，没有使用额外的 JSP 脚本片段，而是完全依赖于 JavaBean 标签，使代码更加清晰、易于维护。此案例不仅展示了 JavaBean 标签在 JSP 页面中的强大功能，也验证了不同作用域在 Web 应用中管理用户状态的有效性。

任务 4.4　JavaBean 与 HTML 表单的交互

任务描述

通过一个案例来学习应用 JavaBean 实现其与 HTML 表单交互的方法，HTML 表单的设计、与HTML表单交互的JavaBean的编写和调用、JavaBean获取HTML表单元素值以及使用JavaBean封装业务逻辑的优点。

知识储备

实现与表单交互的案例,通常需要注意以下五点。

(1) 编写实现特定功能的JavaBean。

(2) 在调用JavaBean的JSP文件中应用<jsp:useBean>,在JSP页面中声明并初始化JavaBean,这个JavaBean有一个唯一的id标志,还有一个生存范围scope,同时还要指定JavaBean的class来源(如com.web.ch11.LoginBean)。

(3) 调用JavaBean提供的public方法或直接使用<jsp:setProperty>标签给JavaBean中的属性赋值。

(4) 调用JavaBean提供的public方法或直接使用<jsp:getProperty>标签得到JavaBean中属性的值。

(5) 调用JavaBean中特定的方法完成指定的功能(如进行用户登录验证)。

任务实施

使用JavaBean与JSP完成登录模块。完成用户登录验证的功能封装在LoginBean中,并且在此JavaBean中增加了一个进行用户名和密码验证的check()方法。LoginBean.java的代码如下:

```
package com.imeic.pojo;
public class LoginBean {
  private String name = null;
  private String password = null;
  public LoginBean() {
  }
  public String getName() {
    return name;
  }
  public void setName(String name) {
    this.name = name;
  }
  public String getPassword() {
    return password;
  }
  public void setPassword(String password) {
    this.password = password;
  }
  public int check() {
    if (name.equals("wxy") && password.equals("123")) {
      return 1;
    } else {
      return 0;
    }
  }
}
```

该类中的check()方法用来进行用户名和密码的验证,这里假定的用户名是wxy,密码是"123"。

在chapter04目录下新建一个login.jsp,代码如下:

```
<%@ page contentType="text/html;charset=UTF-8" language="java" %>
<html>
<head>
  <title>Title</title>
</head>
<body>
<form action="do_login.jsp">
  <table width="300" border="1">
    <tr>
      <td colspan="2" align="center" bgcolor="#fffa26">用户登录</td>
    </tr>
    <tr>
      <td align="center">用户名:</td>
      <td><input type="text" name="name"></td>
    </tr>
    <tr>
      <td align="center">密码:</td>
      <td><input type="password" name="password"></td>
    </tr>
    <tr>
      <td align="center"></td>
      <td>
        <input type="submit" value="提交">
        <input type="reset" value="重置">
      </td>
    </tr>
  </table>
</form>
</body>
</html>
```

此页面创建"用户名"文本框,其中name属性指定的name与LoginBean中的name属性一致,以便交互。"密码"文本框同理。用户登录界面如图4-6所示。

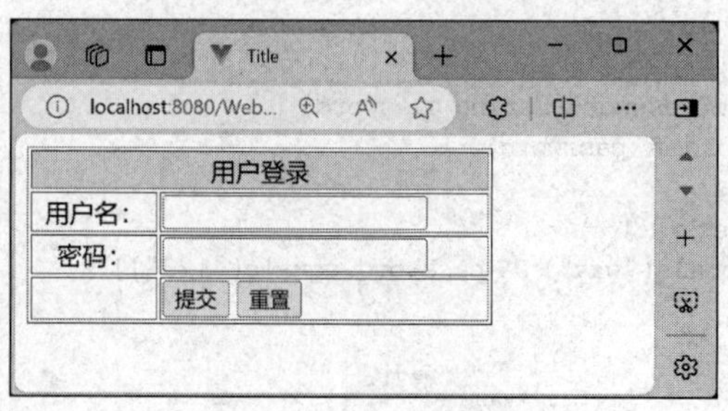

图4-6　用户登录界面

编写进行用户登录处理的 JSP 文件 do_login.jsp，代码如下：

```
<%@ page import = "java.util.*" pageEncoding = "UTF-8" %>
<html>
<body>
<jsp:useBean id = "login" class = "com.imeic.pojo.LoginBean">
  <jsp:setProperty name = "login" property = "*" />
</jsp:useBean>
<%
  int checkResult = login.check();
  if(checkResult == 1) { %>
<h2>欢迎<% = login.getName() %>进入本系统!</h2>
<% } else { %>
<h2>登录失败!单击<a href = "chapter04/login.jsp">这里</a>重新登录!
    <% } %>
</body>
</html>
```

此程序使用<jsp:useBean>定义一个 id 为 login 的 LoginBean 实例，应用 property="*"实现 HTML 表单元素与 LoginBean 中属性的映射(同名匹配)，完成 LoginBean 中属性的赋值；然后调用 LoginBean 中的 check()方法进行 name 属性和 password 的合法性验证，如果验证通过(用户名 wxy，密码 123)，则显示欢迎信息，如图 4-7 所示。如果验证不通过，显示登录失败信息，如图 4-8 所示。

启动 Tomcat 服务器后，在浏览器地址栏输入：http://localhost:8080/WebPro/chapter04/login.jsp。

用户在登录界面中输入用户名和密码(本例为 wxy 和 123)后，单击"提交"按钮，由 do_login.jsp 负责用户名和密码合法性的验证。

图 4-7　显示欢迎信息页面

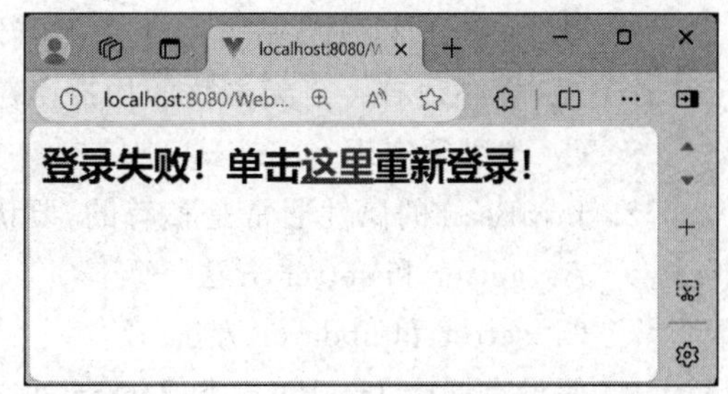

图 4-8　用户登录失败页面

任务小结

本任务成功实现了 JavaBean 与 HTML 表单的交互。首先，设计了 HTML 表单，并设置了合适的输入元素。接着，编写了对应的 JavaBean 类，用于封装业务逻辑和获取表单元素值。在 Servlet 中，实例化了 JavaBean，并通过 request 对象获取表单数据，然后调用 JavaBean 的 setter 方法设置属性值。最后，通过 JavaBean 的 getter 方法，可以方便地获取和处理表单数据。此次学习不仅加深了对 HTML 表单设计的理解,还体验到了 JavaBean 在封装业务逻辑和数据处理中的强大优势。

习　题

一、填空题

1. 在 Java Web 中,JavaBean 通常是一个遵循特定命名规则的 Java 类,其中必须包含一个无参数的________方法。

2. JavaBean 的属性通常通过私有字段保存,并提供________和 setter 方法访问和修改这些字段的值。

3. JavaBean 的 getter 方法通常用于返回属性的值,其命名规则是"get"后加上首字母大写的属性名,如属性名为 name,则 getter 方法名为________。

4. 与 getter 方法相对应,JavaBean 的 setter 方法用于设置属性的值,其命名规则是"set"后加上首字母大写的属性名,如属性名为 age,则 setter 方法名为________。

5. JavaBean 的类必须是________的,以便可以被正确地序列化和反序列化。

6. JavaBean 通常被用作数据传输对象(DTO),用于在 Java 应用程序的不同层之间传输数据,如从________层到业务逻辑层。

7. JavaBean 也可以包含业务逻辑,但通常建议将业务逻辑与________逻辑分开,以提高代码的可维护性和重用性。

8. 在 Java EE 中,JavaBean 经常与________框架一起使用,以实现服务器端组件的开发。

二、选择题

1. 在 Java 中,JavaBean 是一个遵循特定规则的 Java 类,它必须满足(　　)条件。

   A. 类必须有一个无参数的构造函数　　B. 类必须是 public 的

   C. 类必须实现 Serializable 接口　　D. 以上都是

2. JavaBean 的属性通常是私有的,要访问或修改这些属性,应使用(　　)方法。

   A. getter 和 setter 方法　　B. getter 和 updater 方法

   C. setter 和 updater 方法　　D. getter 和 validator 方法

3. 假设有一个 JavaBean 类 Person,它有一个属性 name,那么获取这个属性的 getter 方法应该是(　　)。

   A. getName()　　B. getName(String name)

   C. getName(Person person)　　D. getname()

4. 在 JSP 中,可以使用(　　)标签来设置 JavaBean 的属性。

   A. <jsp:setProperty>　　B. <jsp:setPropertyValue>

   C. <jsp:setAttribute>　　D. <jsp:setBeanProperty>

5. JavaBean 的属性可以为(　　)类型。

   A. 只能是基本数据类型　　B. 只能是对象类型

C. 可以是基本数据类型或对象类型　　D. 只能是 String 类型

6. 在 JSP 中,(　　)表达式用于访问 JavaBean 的属性。

A. <%= bean.propertyName %>

B. <%= bean.getProperty(propertyName) %>

C. <jsp:getProperty name="bean" property="propertyName" />

D. 以上都是

7. 如果一个 JavaBean 需要支持序列化,它应该实现(　　)接口。

A. Serializable　　B. Cloneable

C. Comparable　　D. Externalizable

8. JavaBean 通常被用作(　　)。

A. 服务器端组件　　B. 客户端组件

C. 数据传输对象(DTO)　　D. 视图组件

9. 在一个 JavaBean 中,setter 方法通常用于(　　)。

A. 获取属性的值　　B. 设置属性的值

C. 验证属性的值　　D. 初始化属性的值

10. JavaBean 的命名规范是(　　)。

A. 类名必须以大写字母开头

B. 类名必须是 Bean 结尾

C. 类名必须是 javaBean 开头

D. 类名没有特定的命名规范,但通常遵循 Java 的命名约定

三、判断题

1. JavaBean 的类名必须以“Bean”结尾。　　(　　)

2. JavaBean 的属性应该是私有的,并通过 public 的 getter 和 setter 方法进行访问。　　(　　)

3. JavaBean 必须实现 Serializable 接口才能被序列化。　　(　　)

4. JavaBean 的 getter 方法不应该有任何参数,并且应该返回与属性相同类型的值。　　(　　)

5. JavaBean 的 setter 方法应该有一个参数,其类型与要设置的属性类型相同,并且返回 void。　　(　　)

6. 在 JSP 中,可以使用<jsp:useBean>标签创建 JavaBean 的实例。　　(　　)

7. JavaBean 的类必须是 public 的,否则它不能被用作 JavaBean。　　(　　)

8. JavaBean 的类名可以包含下划线“_”字符。　　(　　)

9. JavaBean 只能在 JSP 和 Servlet 之间传递数据。　　(　　)

10. JavaBean 的属性类型只能是基本数据类型或 String 类型。　　(　　)

四、编程题

1. 编写一个 JavaBean 类 Person,包含属性 name(姓名)、age(年龄)和 email(邮箱)。提供对应的 getter 和 setter 方法,并添加一个 toString 方法用于显示 Person 的信息。

2. 创建一个 JavaBean 类 Student,它继承自 Person 类(使用上一题的 Person 类),并

添加一个新的属性 studentId(学号)。在 Student 类中,重写 toString 方法以包含学生的所有信息。

3. 创建一个简单的 JSP 页面,该页面允许用户输入一个学生的姓名、年龄、邮箱和学号,并将这些信息存储在一个 Student 对象(使用上一题的 Student 类)中。在 JSP 页面中显示学生信息。

模块五　JDBC 技 术

本模块介绍 JDBC 的概念、原理以及 JDBC API 的使用，使 Java 应用程序能够轻松地与数据库进行交互，实现数据的存储、检索和更新等操作。

学习目标

（1）理解 JDBC 的基本概念和原理，了解 JDBC 的架构和组成部分。

（2）掌握 JDBC API 的使用，能够使用 JDBC API 连接数据库、执行 SQL 语句、处理结果集等操作。

（3）熟悉 JDBC 驱动程序的安装和配置，能够选择合适的驱动程序连接不同的数据库系统。

（4）掌握 JDBC 事务处理的原理和方法，能够使用 JDBC 实现事务管理。

（5）熟悉 JDBC 的异常处理机制，能够处理 JDBC 操作中可能出现的异常。

素质目标

（1）能够理解 JDBC 的基本概念、工作原理和架构以及与数据库交互的基本流程，培养学生的理解能力。

（2）学习和掌握 JDBC 的新特性和技术，不断提升数据库交互能力，培养学生的编程和学习能力。

（3）能够利用 JDBC 解决与数据库交互的相关问题，如连接管理、SQL 语句执行、事务处理等，培养学生的问题解决能力。

（4）能够结合 JDBC 与其他技术，设计和实现创新的数据库交互解决方案，为业务提供更多价值，培养学生的创新能力。

（5）具备使用 JDBC API 编写数据库访问代码的能力，能够进行连接管理、SQL 语句执行、结果集处理等操作，培养学生的编程能力。

（6）能够处理 JDBC 操作中可能出现的异常，保证程序的稳定性和可靠性，培养学生的异常处理能力。

（7）能够在不同的操作系统和数据库系统上使用 JDBC 进行数据库交互，使学生具备跨平台适应能力。

任务 5.1　JDBC 概述及操作数据库的流程

任务描述

建立一个图书管理数据库 library 和一个存储图书信息的数据库表 books，开发一个简单的 JDBC 应用，实现对数据库 library 的连接。

知识储备

1. JDBC 的基本概念

JDBC(Java Database Connectivity)是 Java 语言访问关系型数据库的标准接口，它提供了一种统一的方式，用于访问不同数据库系统的数据。JDBC 模块包括一系列 API 和工具，用于连接和操作数据库。

2. JDBC 操作数据库的流程

(1) 加载驱动程序：在使用 JDBC 访问数据库之前，需要加载适合数据库的驱动程序。驱动程序负责与特定的数据库进行通信。

(2) 建立连接：通过驱动程序管理器(DriverManager 类)建立与数据库的连接。连接字符串中包含了连接数据库所需的信息，如数据库的 URL、用户名、密码等。

(3) 创建 Statement 对象：一旦与数据库建立了连接，就可以创建一个 Statement 对象，用于发送 SQL 语句到数据库并执行。

(4) 执行 SQL 语句：通过 Statement 对象执行 SQL 语句，包括查询、更新、删除等操作。

(5) 处理结果：对于查询操作，执行 SQL 语句后会返回一个结果集(ResultSet)，程序可以对结果集进行处理、提取数据等操作。

(6) 关闭连接：在使用完数据库连接后，需要手动关闭连接，以释放资源并防止连接泄露。

3. JDBC 的组成

JDBC 的主要组成部分如下。

(1) JDBC API：提供了一系列接口和类，用于连接数据库、执行 SQL 语句、处理结果集等操作，包括 Connection、Statement、ResultSet 等接口和类，它们提供了访问数据库的方法和属性，可以使用这些 API 来编写与数据库交互的代码。

(2) JDBC 驱动程序：JDBC 驱动程序是 JDBC API 的具体实现，负责与特定的数据库进行通信。每种数据库系统都需要对应的 JDBC 驱动程序，用于在 Java 应用程序和数据库之间建立连接。根据 JDBC 规范，驱动程序可以分为四种类型：JDBC-ODBC 桥接器驱动、本地 API 驱动、网络协议驱动和本地协议驱动。不同类型的驱动程序适用于不同的数据库和应用场景，不同的数据库系统有不同的 JDBC 驱动程序，需要根据使用的数据库系统选择合适的驱动程序。

(3) JDBC 工具：JDBC 模块还提供了一些工具，如连接池、数据源等，用于简化数据库操作。

JDBC 的架构包括 API 和驱动程序，可以根据需要选择合适的驱动程序，实现与特定数据库的交互。JDBC 通过 API 定义了 Java 程序与数据库交互的标准接口，可以通过 JDBC 实现数据库连接、SQL 执行、结果处理等操作。

任务实施

(1) 搭建数据库环境。在 MySql 中建立数据库 library 及数据库表 books，命令行中的命令如下：

```
create database Library;          #创建数据库
use Library;                      #使用数据库 Library
create table books                #创建表
(
book_id varchar(20) primary key,
book_name varchar(30) not null,
author varchar(50) not null,
publisher varchar(20) not null,
publish_date date not null,
isbn varchar(30) not null,
price double not null,
stock int not null);
```

(2) 在 pom.xml 导入数据库相关依赖，代码如下：

```
<dependency>
    <groupId>mysql</groupId>
    <artifactId>mysql-connector-java</artifactId>
    <version>5.1.46</version>
</dependency>
```

(3) 新建主类，编写 java 程序，代码如下：

```
import java.sql.*;
public class TestConnection {
 public static void main(String[] args) {
   //TODO Auto-generated method stub
     String url = "jdbc:mysql://localhost:3306/library";
       String username = "root";
       String password = "123456";
       String driver = "com.mysql.jdbc.Driver";

       try {
           //加载驱动
```

```
12            Class.forName(driver);
13            //创建连接
14            Connection conn = DriverManager.getConnection(url, username, password);
15            System.out.println("连接成功!" + conn);
16
17            } catch (Exception e) {
18                e.printStackTrace();
19            }
20    }
21 }
```

（4）程序测试，输出“连接成功!”，则表示连接数据库成功！在本程序中注意第 7 行的密码为用户自己设定的数据库使用密码。

任务小结

在本任务中，我们学习了 JDBC 的基本知识，包括什么是 JDBC、JDBC 的常用 API、如何使用 JDBC 进行编程以及如何在项目中使用 JDBC。在这里，需要强调一下连接数据库的四个参数。

- URL——确定了连接数据库所在服务器的协议、IP、端口、数据库名等信息。
- UserName——登录数据库需要使用的账户名。
- Password——登录数据库需要使用的密码。
- Driver——连接数据库需要的驱动类，即添加的驱动包中包含的类名。

常见的错误总结如下。

- Connection timed out：connect ——连接超时，检查 IP 或端口(URL)。
- Connection Refused——mysql 服务没有启动。
- Unknown database 'lib'——URL 中拼写的数据库名字有误。
- Access denied for user 'root'@'localhost'——用户名或密码错误。

任务 5.2　JDBC 相关接口描述

任务描述

为图书管理数据库 library 的数据库表 books 插入记录，开发一个 JDBC 应用，能够查询、显示数据库 library 中数据库表 books 的所有记录。

知识储备

JDBC 定义了一组接口和类，用于 Java 程序与数据库进行交互。以下是一些重要的 JDBC 接口的介绍。

1. Connection（连接）接口

Connection 接口表示与数据库的连接，用于创建 Statement、管理事务、关闭连接等操作。Connection 接口包含以下方法。

- createStatement()：创建一个 Statement 对象，用于执行 SQL 语句。
- prepareStatement()：创建一个 PreparedStatement 对象，用于执行预编译的 SQL 语句。
- setAutoCommit()：设置是否自动提交事务。
- commit()：提交当前事务。
- rollback()：回滚当前事务。
- close()：关闭连接。

2. Statement（语句）接口

Statement 接口用于执行静态 SQL 语句并返回结果。其包含的方法如下。

- executeQuery()：执行查询语句，返回 ResultSet 结果集。
- executeUpdate()：执行更新语句（如 INSERT、UPDATE、DELETE），返回更新的行数。
- close()：关闭 Statement。

3. PreparedStatement（预编译语句）接口

PreparedStatement 接口继承自 Statement 接口，用于执行预编译的 SQL 语句，可以提高性能和安全性。其包含的方法如下。

- set×××()：设置预编译语句中的参数。
- executeQuery()：执行查询语句，返回 ResultSet 结果集。
- executeUpdate()：执行更新语句，返回更新的行数。
- close()：关闭 PreparedStatement。

4. ResultSet（结果集）接口

ResultSet 接口表示 SQL 查询操作返回的结果集，包括了查询结果的数据和元数据。其包含的方法如下。

- next()：移动到结果集的下一行。
- getString()、getInt()等：获取当前行的数据。
- getMetaData()：获取结果集的元数据信息。
- close()：关闭 ResultSet。

5. DriverManager（驱动程序管理器）类

DriverManager 类负责管理 JDBC 驱动程序，包括加载驱动程序、建立数据库连接等操作。该类的 getConnection()方法用于建立与数据库的连接。

以上是一些常用的 JDBC 接口和类，它们提供了 Java 程序与数据库进行交互所需的基本功能。开发者可以通过这些接口和类实现数据库连接、SQL 执行、结果处理等操作。

(1) 搭建数据库环境。在 books 中插入记录，代码如下：

```
use Library #使用数据库 Library
insert into books values('001','C 程序设计','谭浩强','清华大学出版社','20020901','7302038066',16.0,100);
insert into books values('002','ARM 体系结构与编程','杜春雷','清华大学出版社','20030220','9787302062240',42.0,20);
```

(2) 创建项目环境，在 pom.xml 文件中导入数据库依赖，代码如下：

```
<dependency>
    <groupId>mysql</groupId>
    <artifactId>mysql-connector-java</artifactId>
    <version>5.1.46</version>
</dependency>
```

(3) 新建主类，编写 java 程序，代码如下所示：

```
1  import java.sql.*;
2  public class Library_management {
3      public static void main(String[] args) {
4          //TODO Auto-generated method stub
5          Connection conn = null;
6          Statement stmt = null;
7          ResultSet rs = null;
8          try {
9              //1. 加载数据库驱动
10             Class.forName("com.mysql.jdbc.Driver");
11             //2. 建立数据库连接
12                 conn = DriverManager.getConnection("jdbc:mysql://localhost:3306/library",
                   "root", "123456");
13             //3. 创建 Statement 对象
14             stmt = conn.createStatement();
```

在应用程序中，第一步加载数据库驱动，代码为第 10 行：

```
Class.forName("com.mysql.jdbc.Driver");
```

第二步建立数据库连接，代码为第 12 行：

```
conn = DriverManager.getConnection("jdbc:mysql://localhost:3306/library", "root",
"123456");
```

第三步创建 Statement 对象，代码为第 14 行：

```
stmt = conn.createStatement();
```

```
15        //4. 执行查询操作
16        String query = "SELECT * FROM books";
17        rs = stmt.executeQuery(query);
18        //5. 处理查询结果
19        while(rs.next()) {
20          String bookid = rs.getString("book_id");
21          String bookName = rs.getString("book_name");
22          String author = rs.getString("author");
23          int stock = rs.getInt("stock");
24          System.out.println("Book Name:" + bookName + ",Author:" + author + ",Stock:" + stock);
25          }
26      }catch (SQLException | ClassNotFoundException e) {
27    e.printStackTrace();
```

第四步执行查询操作，代码为第 17 行：

```
rs = stmt.executeQuery(query);
```

第五步用 while 语句处理查询结果，代码为第 19～25 行。

```
28      } finally {
29        //6. 关闭连接
30        try {
31          if (rs != null) {
32            rs.close();
33          }
34          if (stmt != null) {
35            stmt.close();
36          }
37          if (conn != null) {
38            conn.close();
39          }
40        } catch (SQLException e) {
41          e.printStackTrace();
42        }
43      }
44    }
45  }
```

第六步关闭所有连接。

(4) 程序测试，运行结果如图 5-1 所示。

```
Book Name: C程序设计, Author: 谭浩强, Stock: 100
Book Name: ARM体系结构与编程, Author: 杜春雷, Stock: 20
```

图 5-1　程序运行结果

在本程序中第 20～23 行中 get×××()中参数一定要与原表中字段一致。

在这个任务中重点学习了编写 JDBC 程序的六个步骤：

(1) 加载驱动；

(2) 创建连接；

(3) 创建 Statement 对象；

(4) 执行查询操作；

(5) 处理查询结果；

(6) 关闭所有连接。

任务 5.3 项目实践——图书管理系统数据查询操作

任务描述

在图书管理数据库 library 中建立存储读者借阅信息的数据库表 borrow_records，并插入记录，开发一个 JDBC 应用，能够查询数据库 library 中满足条件的数据库表 books 或 borrow_records 的记录。

图书管理系统数据查询可以通过建立数据库连接、执行 SQL 查询语句、处理查询结果等步骤，实现对图书信息、借阅记录等数据的查询和展示。

1. SQL 语句(Structured Query Language)

SQL 语句是用于与关系型数据库进行交互的标准语言。以下是一些常见的 SQL 语句类型。

(1) 查询数据，语句如下：

```
SELECT column1, column2, ...FROM table_nameWHERE condition;
```

用于从数据库中检索数据，可以指定要返回的列、表名以及筛选条件。

(2) 插入数据，语句如下：

```
INSERT INTO table_name (column1, column2, ...)VALUES (value1, value2, ...);
```

用于向数据库表中插入新的行，指定要插入的列和对应的值。

(3) 更新数据，语句如下：

```
UPDATE table_nameSET column1 = value1, column2 = value2, ...WHERE condition;
```

用于更新数据库表中已有的数据，指定要更新的列和对应的新值，以及更新的条件。

(4) 删除数据,语句如下:

```
DELETE FROM table_nameWHERE condition;
```

用于从数据库表中删除符合指定条件的行。

(5) 创建表,语句如下:

```
CREATE TABLE table_name (column1 datatype,column2 datatype, ...);
```

用于创建新的数据库表,指定表名、列名和数据类型。

(6) 删除表,语句如下:

```
DROP TABLE table_name;
```

用于删除数据库中的表。

以上是 SQL 语句的一些常见类型,开发者可以根据实际需求编写不同类型的 SQL 语句,以执行对数据库的操作。在图书管理系统中,可以使用 SQL 语句查询图书信息、读者信息、借阅记录等,并进行相应的数据操作。

2. 图书管理系统数据查询操作 SQL 语句

用于图书管理系统数据查询操作的 SQL 语句如下。

(1) 查询所有图书信息,语句如下:

```
SELECT * FROM books;
```

(2) 根据图书名称模糊查询图书信息,语句如下:

```
SELECT * FROM books WHERE book_name LIKE '%Java%';
```

(3) 查询某个作者的所有图书信息,语句如下:

```
SELECT * FROM books WHERE author = '张三';
```

(4) 查询库存量大于或等于 10 本的图书信息,语句如下:

```
SELECT * FROM books WHERE stock >= 10;
```

(5) 查询借阅记录表中某个读者的所有借阅记录,语句如下:

```
SELECT * FROM borrow_records WHERE reader_id = '1001';
```

(6) 查询某个图书的借阅记录,语句如下:

```
SELECT * FROM borrow_records WHERE book_id = 'B001';
```

(7) 查询某个读者的借阅情况,语句如下:

```
SELECT books.book_name, borrow_records.borrow_date, borrow_records.return_date
FROM borrow_records
INNER JOIN books ON borrow_records.book_id = books.book_id
WHERE borrow_records.reader_id = '1001';
```

以上是一些可能用到的图书管理系统数据查询操作的示例，具体的查询操作可以根据实际需求进行调整和扩展。

任务实施

(1) 搭建数据库环境。在 MySql 中打开数据库 library，建立数据库表 borrows_records，命令行中的命令如下：

```
use Library; # 使用数据库 Library
create table borrow_records # 创建表
(
borrow_id varchar(20) primary key,
reader_id varchar(20) not null,
book_id varchar(50) not null,
borrow_date date not null,
return_date date not null);
insert into borrow_records values('2024_0001','1','001','20240101','20240501');
insert into borrow_records values('2024_0002','2','002','20240102','20240401');
```

(2) 新建主类，编写 java 程序，代码如下所示：

```
import java.sql.*;
public class LibrarySelect {
    public static void main(String[] args) {
        //TODO Auto-generated method stub
            Connection conn = null;
            Statement stmt = null;
            ResultSet rs = null;
            try {
                //1. 加载数据库驱动
                Class.forName("com.mysql.jdbc.Driver");
                //2. 建立数据库连接
                conn = DriverManager.getConnection("jdbc:mysql://localhost:3306/library",
                "root", "123456");
                //3. 创建 Statement 对象
                stmt = conn.createStatement();
                //4. 执行查询操作
                String query = "SELECT * FROM borrow_records WHERE reader_id = 'i'";
                //使用 PreparedStatement 对象执行 SQL 语句
                rs = stmt.executeQuery(query);
                //5. 处理查询结果
                while(rs.next()) {
                    String borrowid = rs.getString("borrow_id");
                    String bookid = rs.getString("book_id");
                    System.out.println("Borrow id:" + borrowid + ",Book id:" + bookid);
                }
            }
    }
}
```

(3) 程序测试,运行结果为 Borrow id: 2024_0001,Book id: 001。

任务小结

本任务演示了使用 JDBC 进行数据库查询操作的基本流程。可以根据具体的需求和查询语句进行调整,如根据图书名称、作者等条件进行查询,或者执行其他类型的 SQL 查询操作。

任务 5.4 项目实践——图书管理系统数据添加操作

任务描述

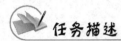

本任务是向图书管理系统中数据库表 books 添加一本名为《Java 编程思想》的图书信息。其中,需要根据实际情况修改 SQL 语句中的表名、字段名和参数值。同时,还需要确保数据库连接信息的正确性,包括数据库地址、用户名和密码等。

知识储备

在 JDBC 中可以使用以下两种方式向图书管理系统中添加数据。

(1) 使用 Statement 对象。可以创建一个 Statement 对象,并使用它执行 INSERT 语句,将数据添加到数据库中。例如:

```
Statement stmt = conn.createStatement();
String sql = "INSERT INTO books (book_id,book_name, author, publisher, publish_date, isbn,
price,stock) VALUES ('003,''Java 编程思想', 'Bruce Eckel', '机械工业出版社', '2007 - 6 - 1',
'9787111187776', 89.00, 10)";
int result = stmt.executeUpdate(sql);
```

(2) 使用 PreparedStatement 对象。也可以创建一个 PreparedStatement 对象,并使用它执行带有参数的 INSERT 语句。这种方式更加安全,也更适合处理动态数据。例如:

```
String sql = "INSERT INTO books(book_id,book_name, author, publisher, publish_date, isbn,
price,stock) VALUES (?, ?, ?, ?, ?, ?, ?, ?)";
PreparedStatement pstmt = conn.prepareStatement(sql);
pstmt.setString(1, "003");
pstmt.setString(2, "Java 编程思想");
pstmt.setString(3, "Bruce Eckel");
pstmt.setString(4, "机械工业出版社");
pstmt.setDate(5, "2007 - 6 - 1");
pstmt.setString(6, "9787111187776");
pstmt.setDouble(7, 89.00);
pstmt.setInt(8, 20);
pstmt.setString(8, "java.jpg");
int result = pstmt.executeUpdate();
```

无论使用哪种方式，都需要确保连接到数据库，并且在执行完 SQL 语句后关闭 Statement 或 PreparedStatement 对象，以及数据库连接。

任务实施

新建主类，编写 java 程序，代码如下：

```
import java.sql.*;
public class InsertLibrary {
  public static void main(String[] args) {
  //TODO Auto-generated method stub
      Connection conn = null;
      Statement stmt = null;
      ResultSet rs = null;
      try {
        //1. 加载数据库驱动
        Class.forName("com.mysql.jdbc.Driver");
        //2. 建立数据库连接
        conn = DriverManager.getConnection("jdbc:mysql://localhost:3306/library",
        "root", "123456");
        //3. 创建 Statement 对象
        stmt = conn.createStatement();
        //4. 编写添加的 SQL 语句
        String sql = "INSERT INTO books(book_id,book_name,author,publisher,publish_
        date,isbn,price,stock) values(?,?,?,?,?,?,?,?)";
        //5. 使用 PreparedStatement 对象执行 SQL 语句
        PreparedStatement pstmt = conn.prepareStatement(sql);
        pstmt.setString(1, "003");
        pstmt.setString(2, "Java 编程思想");
        pstmt.setString(3, "Bruce Eckel");
        pstmt.setString(4, "机械工业出版社");
        java.sql.Date date = new java.sql.Date(2007,6,7);
        pstmt.setDate(5, date);
        pstmt.setString(6, "9787111187776");
        pstmt.setDouble(7, 89.0);
        pstmt.setInt(8,20);
        int result = pstmt.executeUpdate();
        //6. 处理结果
        if(result > 0)
        System.out.println("添加成功!");
        else
            System.out.println("添加失败!");
        }
        catch (SQLException | ClassNotFoundException e) {
          e.printStackTrace();
        } finally {
        //7. 关闭连接
        try {
          if (stmt != null) {
```

```
41                stmt.close();
42              }
43              if (conn != null) {
44                conn.close();
45              }
46            } catch (SQLException e) {
47              e.printStackTrace();
48            }
49          }
50      }
51  }
```

使用 JDBC 对图书管理系统进行数据添加操作,其中第 10 行代码加载数据库驱动;第 12 行代码建立数据库连接;第 16 行代码为编写的 SQL 语句;通过第 18 行代码创建 PreparedStatement 对象。

在本任务中通过下列语句设置参数:

```
pstmt.setString(1, "003");
    pstmt.setString(2, "Java 编程思想");
    pstmt.setString(3, "Bruce Eckel");
    pstmt.setString(4, "机械工业出版社");
      java.sql.Date date = new java.sql.Date(2007,6,7);
    pstmt.setDate(5,date);
    pstmt.setString(6, "9787111187776");
    pstmt.setDouble(7, 89.00);
pstmt.setInt(8, 20);
```

通过语句 int result = pstmt.executeUpdate()执行 SQL 语句。

然后通过以下语句处理结果:

```
if (result > 0) {
    System.out.println("添加成功!");
} else {
    System.out.println("添加失败!");
}
```

最后通过以下语句关闭连接:

```
stmt.close();
conn.close();
…
```

如果想要直接执行 SQL 语句向图书管理系统中添加数据,可以使用以下 SQL 语句:

```
INSERT INTO books (book_id,book_name, author, publisher, publish_date, isbn, price, stock)
VALUES ('003','Java 编程思想', 'Bruce Eckel', '机械工业出版社', '2007-6-1', '9787111187776',
89.00, 20);
```

程序测试,添加成功后,运行结果如图 5-2 所示。

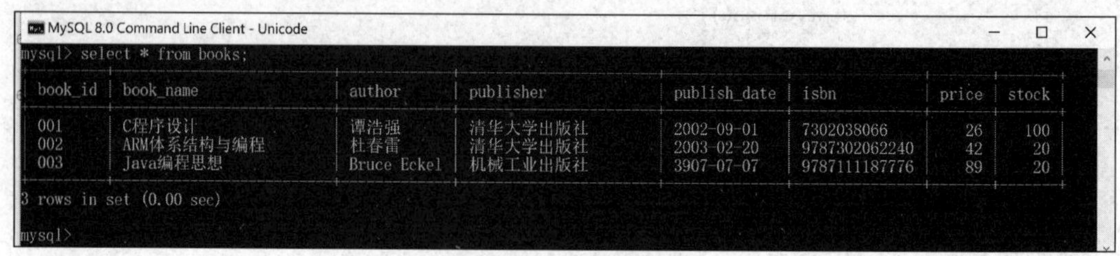

MySQL 8.0 Command Line Client - Unicode

mysql> select * from books;

book_id	book_name	author	publisher	publish_date	isbn	price	stock
001	C程序设计	谭浩强	清华大学出版社	2002-09-01	7302038066	26	100
002	ARM体系结构与编程	杜春雷	清华大学出版社	2003-02-20	9787302062240	42	20
003	Java编程思想	Bruce Eckel	机械工业出版社	3907-07-07	9787111187776	89	20

3 rows in set (0.00 sec)

mysql>

图 5-2 程序运行结果

任务小结

在本任务中，假设 books 表包含了 book_id，book_name、author、publisher、publish_date、isbn、price 和 stock 等字段。可以根据实际情况修改 SQL 语句中的字段名和对应的值，然后在数据库管理工具或代码中执行该 SQL 语句，即可向数据库中添加一本图书信息。

需要注意的是，如果 isbn 字段在数据库中被定义为唯一索引或主键，那么插入重复的 ISBN 号会导致插入失败。

任务 5.5 项目实践——图书管理系统数据修改操作

任务描述

本任务是在图书管理系统中修改数据库图书信息表 books 中某本书的价格。

知识储备

当使用 JDBC 修改图书管理系统的数据时，可以使用以下 SQL 语句更新图书表中的数据：

```
UPDATE books
SET price = 99.00
WHERE book_name = 'Java 编程思想';
...
```

在这个 SQL 语句中，UPDATE 关键字用于指定要更新数据的表，SET 关键字用于指定要更新的列及其对应的值，WHERE 子句用于指定要更新的行的条件。在本任务中，我们将名为“Java 编程思想”的图书的价格更新为 99.00 元。

如果需要更新多个列的数据，可以在 SET 子句中使用逗号分隔多个列的赋值语句。如果需要更新多个行的数据，可以使用更复杂的条件指定要更新的行。

在 JDBC 中，可以使用 Statement 或 PreparedStatement 对象来执行上述 SQL 语句。如果需要动态地指定更新条件或更新值，建议使用 PreparedStatement 构建带有占位符的 SQL 语句,以避免 SQL 注入攻击和提高性能。

任务实施

新建主类,编写 Java 程序,代码如下所示:

```
import java.sql.*;
public class UpdateLibrary {
  public static void main(String[] args) {
    //TODO Auto-generated method stub
      Connection conn = null;
      Statement stmt = null;
      ResultSet rs = null;
      try {
        //1.加载数据库驱动
        Class.forName("com.mysql.jdbc.Driver");
        //2.建立数据库连接
        conn = DriverManager.getConnection("jdbc:mysql://localhost:3306/library",
        "root", "123456");
        //3.创建 Statement 对象
        stmt = conn.createStatement();
        //4.编写添加的 SQL 语句
        String sql = "UPDATE books SET price = ? WHERE book_name = ?";
        //5.使用 PreparedStatement 对象执行 SQL 语句
        PreparedStatement pstmt = conn.prepareStatement(sql);
        pstmt.setDouble(1, 99.0);
        pstmt.setString(2,"Java 编程思想");
        int result = pstmt.executeUpdate();
        //6.处理结果
        if(result > 0)
        System.out.println("更新成功!");
        else
            System.out.println("更新失败!");
        }
        catch (SQLException | ClassNotFoundException e) {
        e.printStackTrace();
      } finally {
        //7.关闭连接
        try {
          if (stmt != null) {
            stmt.close();
          }
          if (conn != null) {
            conn.close();
          }
        } catch (SQLException e) {
          e.printStackTrace();
```

```
            }
        }
    }
}
```

当使用 JDBC 进行图书管理系统的数据修改时,仍使用之前的图书管理系统,其中包含一个名为 books 的表,表结构如图 5-3 所示。

Field	Type	Null	Key	Default	Extra
book_id	varchar(20)	NO	PRI	NULL	
book_name	varchar(30)	NO		NULL	
author	varchar(50)	NO		NULL	
publisher	varchar(20)	NO		NULL	
publish_date	date	NO		NULL	
isbn	varchar(30)	NO		NULL	
price	double	NO		NULL	
stock	int	NO		NULL	

图 5-3　book 表的结构

现在,我们修改图书表中某本书的价格。以下是一个使用 JDBC 进行数据修改的重点代码:String sql = "UPDATE book SET price = ? WHERE title = ?"用于创建 SQL UPDATE 语句;使用 PreparedStatement 对象执行 SQL 语句 PreparedStatement pstmt = conn.prepareStatement(sql);再通过该对象的 set×××方法设置更新后的价格和书名,如 pstmt.setDouble(1,99.00)和 pstmt.setString(2,"Java 编程思想")。

接下来通过 int result = pstmt.executeUpdate()执行 SQL 语句,然后通过判断 result 的值以处理执行结果:

```
if (result > 0) {
  System.out.println("更新成功!");
} else {
  System.out.println("更新失败!");
}
...
```

程序测试,在输出“修改成功!”后运行结果如图 5-4 所示。

mysql> select * from books;

book_id	book_name	author	publisher	publish_date	isbn	price	stock
001	C程序设计	谭浩强	清华大学出版社	2002-09-01	7302038066	26	100
002	ARM体系结构与编程	杜春雷	清华大学出版社	2003-02-20	9787302062240	42	20
003	Java编程思想	Bruce Eckel	机械工业出版社	3907-07-07	9787111187776	99	20

图 5-4　程序运行结果

任务小结

在本任务中,首先建立了与数据库的连接,然后创建了一个带有占位符的 UPDATE 语句,使用 PreparedStatement 对象执行了这个 SQL 语句,并处理了执行结果。在实际应用中,需要根据数据库的类型和连接方式进行相应的调整。

任务 5.6　项目实践——图书管理系统数据删除操作

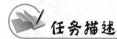

任务描述

本任务是在图书管理系统中删除数据库图书信息表 books 中某本书的价格。

知识储备

当使用 JDBC 删除图书管理系统的数据时,可以使用 SQL 语句删除图书表中的数据。以下是一个 SQL 语句示例,用于删除图书表中某本书的数据。

```
DELETE FROM books
WHERE title = 'Java 编程思想';
…
```

在这个 SQL 语句中,DELETE FROM 关键字用于指定要删除数据的表,WHERE 子句用于指定要删除的行的条件。在本任务中,我们将删除名为《Java 编程思想》的图书的数据。

如果需要根据多个条件删除数据,可以在 WHERE 子句中使用逻辑运算符(如 AND、OR)组合多个条件。

在 JDBC 中,可以使用 Statement 或 PreparedStatement 对象执行上述 SQL 语句。如果需要动态地指定删除条件,建议使用 PreparedStatement 构建带有占位符的 SQL 语句,以避免 SQL 注入攻击和提高性能。

任务实施

新建主类,编写 Java 程序,代码如下所示:

```
import java.sql.*;
public class DeleteLibrary {
  public static void main(String[] args) {
    //TODO Auto-generated method stub
      Connection conn = null;
      Statement stmt = null;
      ResultSet rs = null;
      try {
        //1. 加载数据库驱动
        Class.forName("com.mysql.jdbc.Driver");
        //2. 建立数据库连接
        conn = DriverManager.getConnection("jdbc:mysql://localhost:3306/library",
        "root", "123456");
        //3. 创建 Statement 对象
        stmt = conn.createStatement();
```

```
            //4. 编写删除 SQL 语句
            String sql = "DELETE FROM books WHERE book_name = ?";
            //5. 使用 PreparedStatement 对象执行 SQL 语句
            try (PreparedStatement pstmt = conn.prepareStatement(sql)) {
                //设置要删除的书名
                pstmt.setString(1, "Java 编程思想");
                //执行 SQL 语句
                int result = pstmt.executeUpdate();
                //处理执行结果
                if (result > 0) {
                    System.out.println("数据删除成功!");
                } else {
                    System.out.println("未找到匹配的数据,删除失败!");
                }
            }
        }
        catch (SQLException | ClassNotFoundException e) {
            e.printStackTrace();
        } finally {
            //6. 关闭连接
            try {
                if (rs != null) {
                    rs.close();
                }
                if (stmt != null) {
                    stmt.close();
                }
                if (conn != null) {
                    conn.close();
                }
            } catch (SQLException e) {
                e.printStackTrace();
            }
        }
    }
}
```

本任务通过 String sql = "DELETE FROM book WHERE title = ?"语句创建 SQL DELETE 语句；使用 PreparedStatement pstmt = conn. prepareStatement（sql）的 PreparedStatement 对象执行 SQL 语句，然后通过 pstmt. setString(1,"Java 编程思想") 语句设置要删除的书名，以及 int result = pstmt. executeUpdate()语句执行 SQL 语句，最后还要通过判断 result 的值处理执行结果：

```
if (result > 0) {
  System.out.println("数据删除成功!");
} else {
  System.out.println("未找到匹配的数据,删除失败!");
}
...
```

程序测试，数据删除成功后，运行结果如图 5-5 所示。由图书管理系统终端展示结果可知，该图书记录已被删除。

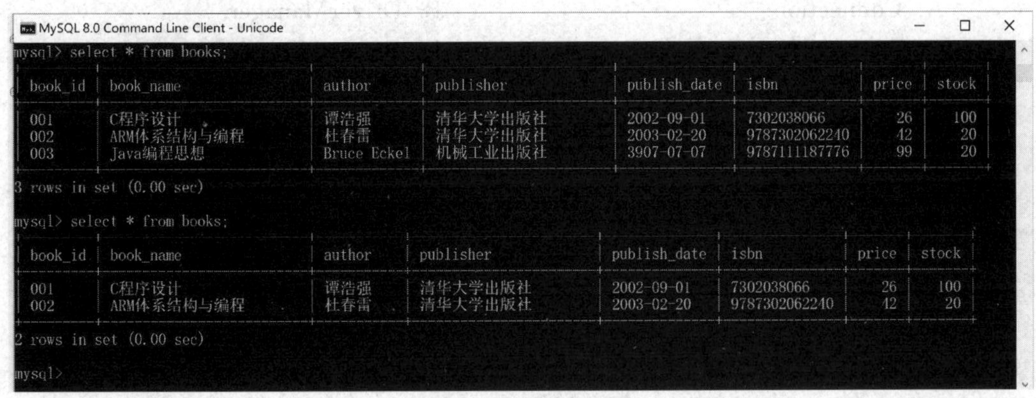

```
MySQL 8.0 Command Line Client - Unicode
mysql> select * from books;
+---------+--------------------+-------------+----------------+--------------+---------------+-------+-------+
| book_id | book_name          | author      | publisher      | publish_date | isbn          | price | stock |
+---------+--------------------+-------------+----------------+--------------+---------------+-------+-------+
| 001     | C程序设计          | 谭浩强      | 清华大学出版社 | 2002-09-01   | 7302038066    |    26 |   100 |
| 002     | ARM体系结构与编程  | 杜春雷      | 清华大学出版社 | 2003-02-20   | 9787302062240 |    42 |    20 |
| 003     | Java编程思想       | Bruce Eckel | 机械工业出版社 | 3907-07-07   | 9787111187776 |    99 |    20 |
+---------+--------------------+-------------+----------------+--------------+---------------+-------+-------+
3 rows in set (0.00 sec)

mysql> select * from books;
+---------+--------------------+--------+----------------+--------------+---------------+-------+-------+
| book_id | book_name          | author | publisher      | publish_date | isbn          | price | stock |
+---------+--------------------+--------+----------------+--------------+---------------+-------+-------+
| 001     | C程序设计          | 谭浩强 | 清华大学出版社 | 2002-09-01   | 7302038066    |    26 |   100 |
| 002     | ARM体系结构与编程  | 杜春雷 | 清华大学出版社 | 2003-02-20   | 9787302062240 |    42 |    20 |
+---------+--------------------+--------+----------------+--------------+---------------+-------+-------+
2 rows in set (0.00 sec)

mysql>
```

图 5-5 程序运行结果

任务小结

在本任务中，首先建立了与数据库的连接，然后创建了一个带有占位符的 DELETE 语句，使用 PreparedStatement 对象执行了这个 SQL 语句，并处理了执行结果。在实际应用中，需要根据数据库的类型和连接方式进行相应的调整。

习　　题

一、填空题

1. JDBC 是 Java 语言中用来执行 SQL 语句的 API，它基于________模式进行数据库访问。
2. 在 Java 中，为了使用 JDBC API，通常需要导入________包。
3. JDBC 的________对象用于表示数据库连接。
4. JDBC 的________对象用于执行 SQL 查询并返回结果集。
5. 在 JDBC 中，使用________方法可以从 ResultSet 对象中获取数据。
6. JDBC 的 DriverManager 类的________方法用于注册 JDBC 驱动。
7. 使用 JDBC 连接数据库时，通常需要在 URL 中指定数据库的地址、名称和________。
8. 为了防止 SQL 注入攻击，JDBC 推荐使用________对象执行 SQL 语句。
9. JDBC 的________接口定义了用于处理批量更新的方法。

二、选择题

1. JDBC 是 Java 语言中用来连接(　　)系统的 API。

　A. 文件系统　　B. 邮件服务器　　C. 关系型数据库　　D. 分布式缓存

2. 在 JDBC 中,(　　)对象用于执行静态 SQL 语句并返回它所生成结果的对象。

A. Connection　　B. DriverManager

C. PreparedStatement　　D. Statement

3. 在 JDBC 中,为了建立与数据库的连接,首先需要(　　)。

A. 加载数据库驱动　　B. 创建一个 Statement 对象

C. 执行 SQL 查询　　D. 创建一个 ResultSet 对象

4. JDBC 中的(　　)方法用于向数据库发送 SQL 语句。

A. executeQuery()　　B. executeUpdate()

C. execute()　　D. executeBatch()

5. PreparedStatement 对象相对于 Statement 对象的优势是(　　)。

A. PreparedStatement 对象可以执行更复杂的 SQL 语句

B. PreparedStatement 对象可以防止 SQL 注入攻击

C. PreparedStatement 对象不需要数据库连接

D. PreparedStatement 对象执行速度更慢

6. 当连接 MySQL 数据库时,(　　)是正确的 JDBC URL。

A. jdbc:mysql://localhost:3306

B. jdbc:mysql://localhost:3306/mydb

C. jdbc:mysql:mydb@localhost:3306

D. jdbc:mysql:localhost:3306/mydb

7. 在 JDBC 中,(　　)接口用于处理从数据库返回的结果集。

A. ResultSet　　B. CallableStatement

C. PreparedStatement　　D. DatabaseMetaData

8. 在 JDBC 中,DriverManager 类的(　　)方法用于获取数据库连接。

A. getConnection()　　B. registerDriver()

C. createStatement()　　D. setAutoCommit()

9. 在 JDBC 中,ResultSet 对象(　　)方法用于移动到结果集的下一行。

A. next()　　B. first()　　C. last()　　D. previous()

10. 在 JDBC 中,ResultSet 对象(　　)方法用于关闭结果集并释放与之关联的资源。

A. close()　　B. free()　　C. destroy()　　D. dispose()

三、判断题

1. JDBC 是 Java 语言中用于执行 SQL 语句的 API。(　　)

2. JDBC 的 DriverManager 类用于加载和管理数据库驱动。(　　)

3. JDBC 的 Connection 对象用于执行 SQL 查询并返回结果集。(　　)

4. PreparedStatement 对象可以接收参数并执行预编译的 SQL 语句,从而提高性能。(　　)

5. 在 JDBC 中,ResultSet 对象的 next()方法用于获取结果集中的下一行数据。(　　)

6. JDBC 的 ResultSet 对象默认是可更新的,可以通过 update×××()方法修改数据。(　　)

7. JDBC 的 ResultSet 对象支持向前和向后滚动。　（　）

8. 在使用 JDBC 时，必须先注册驱动，然后才能获取数据库连接。　（　）

9. JDBC 的 Connection 对象在关闭时会自动关闭与之关联的所有 Statement 和 ResultSet 对象。　（　）

10. JDBC 的 Statement 对象在执行完 SQL 语句后需要显式关闭以释放资源。　（　）

四、编程题

1. 编写一个 Java 程序，使用 JDBC 连接到 MySQL 数据库，并执行以下操作。

(1) 创建一个名为 students 的表，包含 id（整数，主键，自增）、name（字符串，最大长度 50）和 age（整数）三个字段。

(2) 插入一条学生记录到 students 表中。

(3) 查询并打印出 students 表中的所有记录。

2. 假设有一个 employees 表，包含 id、name、salary 和 department 字段。编写一个 Java 程序，使用 JDBC 连接到 MySQL 数据库，并执行以下操作。

(1) 将 employees 表中 id 为 1 的员工的薪水更新为 5000 元。

(2) 查询并打印出薪水高于 4000 元的所有员工的姓名和薪水。

3. 编写一个 Java 程序，使用 JDBC 连接到 MySQL 数据库，并使用 PreparedStatement 防止 SQL 注入攻击。程序需要执行以下操作。

(1) 插入一条新的订单，记录到 orders 表中，包含 order_id（字符串）、customer_name（字符串）和 order_date（日期）字段。

(2) 查询并打印出指定 customer_name 的所有订单信息。

模块六　EL 与 JSTL 技术

在 JSP 应用开发中，为了获取 Servlet 域对象中存储的数据，经常需要编写很多 Java 代码，这样的做法会使 JSP 页面混乱，不易维护。为此，在 JSP 2.0 规范中提供了 EL 表达式语言，大大降低了开发的难度。同时，为了降低 JSP 页面的复杂度，增强代码的重用性，Sun 公司还制定了一套标准标签库 JSTL。本章将针对 EL 表达式和 LSTL 中的 Core 标签库等相关知识进行详细的讲解。

学习目标

(1) 掌握 EL 表达式的基本语法格式。

(2) 掌握 EL 隐式对象的使用方式。

(3) 掌握 JSTL 中的 Core 标签库。

素质目标

(1) 具备持续学习的能力，关注 Web 开发领域的新技术、新框架，不断提升自己的技能水平。

(2) 能够在掌握基本技术的基础上，尝试具有创新性的解决方案，提升 Web 应用的质量和用户体验。

(3) 能够独立完成 JSTL 的安装和测试。

(4) 能够分析和解决在开发中遇到的常见问题，如异常处理、性能优化等。

(5) 能够在团队中与其他开发人员协作，共同完成 Web 应用的开发任务。

(6) 具备团队合作精神，积极参与团队讨论和协作，共同推动项目的进展。

任务 6.1　初 识 EL

任务描述

编写一个 JSP 页面，使用 EL 表达式获取用户名和密码信息，简化 JSP 页面的代码。

1. EL 简介

EL(expression language,表达式语言)主要用于简化 JSP 页面中的表达式脚本,以实现更高效的数据访问和输出。从 JSP 2.0 版本开始,EL 正式成为 JSP 开发的标准规范之一。其主要特点包括可获取 PageContext 属性值,直接访问 JSP 的内置对象(如 page、request、session、application 等),具有丰富的运算符类别(关系运算符、逻辑运算符、算术运算符等),以及能与 Java 类的静态方法对应等,EL 是 JSP 2.0 的一个重要组件,在 JSTL 中被广泛使用。

2. EL 特性

EL 具有以下特性:

(1) EL 是一种语法简单、易于学习的语言;

(2) JSP 2.0(Servlet 2.4)以上版本支持 EL;

(3) 通过 EL 表达式可以获得 PageContext 的属性值,直接访问 JSP 的内置对象,还可以访问作用域对象、集合对象等。

3. EL 语法结构

EL 的语法结构如下:

```
${表达式}
```

使用 EL 表达式时,其语法格式较为简单,以“$ {”开始,以“}”结束。其中,表达式的内容可以是常量,也可以是变量,可以使用 EL 操作符、EL 运算符、EL 隐含对象和 EL 函数等。

4. EL 中的标识符

EL 中的标识符有以下特征:

(1) 不能以数字开头;

(2) 不能是 EL 中的保留字,如 and、or、gt;

(3) 不能是 EL 隐式对象,如 request;

(4) 不能包含单引号(')、双引号(")、减号(—)和正斜线等特殊字符。

下面是合法的 EL 标识符:username、username123、user_name、_userName。

下面是不合法的 EL 标识符:123username、or、“user”name、pageContext。

5. EL 中的保留字

EL 中所有的保留字有 and、eq、gt、true、instanceof、or、ne、le、false、empty、not、lt、ge、null、div、mod。

6. EL 中的变量

EL 中的变量格式如下：

```
${name}
```

注意，name 就是一个变量。EL 表达式中的变量不用事先定义就可以直接使用。例如，表达式 ${name}就可以访问变量 name 的值。

7. EL 中的常量

EL 中的常量有以下特点。

(1) 布尔常量用于区分一个事物的正反两面，它的值只有两个，分别是 true 和 false。

(2) 整型常量的取值范围是 Java 语言中定义的常量 Long. MIN_VALUE 和 Long. MAX_VALUE 之间，即 $-2^{63} \sim 2^{63}-1$ 之间的整数。

(3) 浮点数常量的取值范围是 Java 语言中定义的常量 Double. MIN_VALUE 到 Double. MAX_VALUE 之间，即 $2^{-1074} \sim 2^{1024}-1$ 之间的数。

(4) 字符串常量是带有单引号或双引号的一连串字符。由于字符串常量带有单撇或双撇，所以字符串本身包含的单撇或双撇需要用反斜杠(\)进行转义，即用“\'”表示字面意义上的单撇，用“\"”表示字面意义上的双撇。如果字符串本身包含反斜杠(\)，也要进行转义，即用“\\”表示字面意义上的一个反斜杠。

(5) null 常量用于表示变量引用的对象为空，它只有一个值，用 null 表示。

8. EL 运算符

JSP 表达式语言提供以下操作符，其中大部分是 Java 中常用的操作符，基本分为四大类，分别是算术运算符、关系运算符、逻辑运算符和其他运算符。

1) 算术运算符

表达式语言支持的算术运算符和逻辑运算符非常多，所有在 Java 语言里支持的算术运算符，表达式语言都可以使用，甚至 Java 语言不支持的一些算术运算符和逻辑运算符，表达式语言也支持。常用的算术运算符有五个，如表 6-1 所示。

表 6-1 EL 算术运算符

算术运算符	描述	举例	运算结果
+	加法	${1.5+2.3}	3.8
−	减法	${5−3}	2
*	乘法	${15 * 2}	30
/(或 div)	除法	${12/4}	3
%(或 mod)	求余	${11%5}	1

2) 关系运算符

表达式语言不仅可以在数字与数字之间比较，还可以在字符与字符之间比较，字符串是根据其对应 UNICODE 值比较大小的。常用的 EL 关系运算符有六个，如表 6-2 所示。

表 6-2　EL 关系运算符

关系运算符	描述	举　例	运算结果
==(eq)	等于	${6==6}或${6eq6}	true
!=(或 ne)	不等于	${6!=6}或${6ne6}	false
<(或 lt)	小于	${4<5}或${4lt5}	true
>(或 gt)	大于	${4>5}或${4gt5}	false
<=(或 le)	小于等于	${4<=5}或${4le5}	true
>=(或 ge)	大于等于	${4>=5}或${4ge5}	false

3）逻辑运算符

常用的 EL 逻辑运算符有三个，如表 6-3 所示。

表 6-3　EL 逻辑运算符

逻辑运算符	描述	举　例	运 算 结 果
&&(或 and)	逻辑与	${true&&false}或${true and false}	false
||(或 or)	逻辑或	${true\|\|false}或${true and false}	true
!(或 not)	逻辑非	${!true}或${not true}	false

4）其他运算符

（1）点运算符“.”。点运算符，用于访问 JSP 页面中某些对象的属性，如 JavaBean 对象、List 对象、Array 对象等，其语法格式如下：

```
${customer.name}
```

（2）方括号运算符“[]”。方括号运算符与点运算符的功能相同，都用于访问 JSP 页面中某些对象的属性，当获取的属性名中包含一些特殊符号，如“—”或“?”等非字母或数字的符号时，就只能使用方括号运算符来访问该属性，其语法格式如下：

```
${user["My-Name"]}
```

（3）empty 运算符。empty 运算符主要用于判断值是否为空（null、空字符串、空集合）。结果为布尔类型，其基本的语法格式如下：

```
${empty var}
```

（4）条件运算符。条件运算符的语法格式如下：

```
$( X? Y: Z )
```

若条件表达式 X 为 true，则执行表达式 Y，否则执行表达式 Z。

(5) ( )运算符。()运算符的语法格式如下：

```
$ ( X * (Y+ Z))
```

用来改变表达式之间的运算优先级，即先执行 Y+Z，然后再执行乘法运算。

新建一个 com. imeic. elExample 包，在该包下新建一个 MyServlet. java 文件，用于输入用户的登录信息。在 webapp 目录下新建一个 chapter06 目录，创建一个 Myjsp. jsp 页面。

MyServlet. java 的代码如下：

```
package com.imeic.elExample;
import javax.servlet.RequestDispatcher;
import javax.servlet.ServletException;
import javax.servlet.annotation.WebServlet;
import javax.servlet.http.HttpServlet;
import javax.servlet.http.HttpServletRequest;
import javax.servlet.http.HttpServletResponse;
import java.io.IOException;
@WebServlet(name = "MyServlet",urlPatterns = "/MyELServlet")
public class MyServlet extends HttpServlet {
  public void doGet(HttpServletRequest request,
               HttpServletResponse response) ____ throws ServletException, IOException {
    request.setAttribute("username", "adminTeacher");
    request.setAttribute("password", "123456");
    RequestDispatcher dispatcher = request.getRequestDispatcher("chapter06/Myjsp.jsp");
    dispatcher.forward(request, response);
  }
  public void doPost(HttpServletRequest request,
               HttpServletResponse response ) ____ throws ServletException,IOException {
    doGet (request,response);
  }
}
```

Myjsp. jsp 的代码如下：

```
<%@ page language = "java" contentType = "text/html; charset = UTF-8"
    pageEncoding = "UTF-8" isELIgnored = "false" %>
<!DOCTYPE html>
<html>
<head>
  <meta charset = "ISO-8859-1">
  <title>Insert title here</title>
</head>
```

```
<body>
用户名:<% = request.getAttribute("username") %><br />
密码:<% = request.getAttribute("password") %><br />
<hr />
使用 EL 表达式:<br />
用户名: ${username}<br />
密码: ${password}<br />
</body>
</html>
</body>
</html>
```

在浏览器中访问 MyServlet，http://localhost:8080/WebPro/MyELServlet，运行结果如图 6-1 所示。

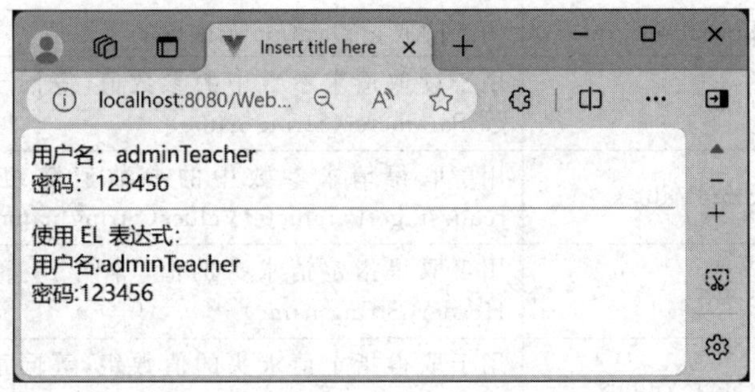

图 6-1　Myjsp.jsp 页面的运行结果

任务小结

本任务涵盖了 EL 的基本用法，通过文件中两种形式的比较，使用 EL 表达式不仅能获取 Servlet 中的数据，还能简化 JSP 页面代码的编写。在实际开发中推荐使用 EL，从而简化 JSP 的开发。

任务 6.2　EL 的隐式对象

任务描述

与 JSP 提供的内置对象目的相同，为了更加方便地进行数据访问，EL 表达式也提供了一系列可以直接使用的隐式对象。

EL 的主要优势在于：简化对象、对象属性、集合元素、请求参数等的访问。本任务将介绍 pageContext 对象、Web 域相关对象、param 对象、paramValues 对象、cookie 对象和 initParam 对象等隐式对象的用法。

知识储备

在 EL 表达式中，定义了 11 个隐式对象，这些对象可以方便地读取 Cookie、HTTP 请求消息头字段、请求参数以及 Web 应用程序中的初始化参数等信息。EL 隐式对象的具体描述如表 6-4 所示。

表 6-4　EL 隐式对象的具体描述

类　别	隐含对象	描　述
JSP 页面	pageContext	代表此 JSP 页面的 pageContext 对象
Web 域	pageScope	用于读取 page 范围内的属性值
	requestscope	用于读取 request 范围内的属性值
	sessionScope	用于读取 session 范围内的属性值
	applicationScope	用于读取 application 范围内的属性值
请求参数	param	用于读取请求参数中的参数值，等同于 JSP 中的 request. getParameter(String name)
	paramValues	用于取得请求参数中的参数值数组，等同于 JSP 中的 request. getParameterValues(String name)
请求头	header	用于取得指定请求头的值，等同于 JSP 中的 request. getHeader(String name)
	header Values	用于取得指定请求头的值数组，等同于 JSP 中的 request. getHeaders(String name)
Cookie	cookie	用于取得 request 中的 cookie 集，等同于 JSP 中的 request. getCookies()
初始化参数	initParam	用于取得 Web 应用程序上下文初始化参数值，等同于 JSP 中的 application. getInitParameter(String name)

1）pageContext 对象

为了获取 JSP 页面的隐式对象，可以使用 EL 表达式中的 pageContext 隐式对象。pageContext 隐式对象的示例代码如下：

```
${pageContext.response.characterEncoding}
```

2）Web 域相关对象

HttpRequest 对象存储的数据只在当前请求中可以获取。习惯上，把这些 Map 集合称为域，这些 Map 集合所在的对象称为域对象。在 EL 表达式中，为了获取指定域中的数据，提供了 pageScope、requestScope、sessionScope 和 applicationScope 四个隐式对象。示例代码如下：

```
${pageScope.userName}
${requestScope.userName}
${sessionScope.userName}
${applicationScope.userName}
```

3）param 对象

param 对象用于获取请求参数的某个值，它是 Map 类型，与 request. getParameter()方法相同。在使用 EL 获取参数时，如果参数不存在，返回的是空字符串，而不是 null。示例代码如下：

```
${param.num}
```

4）paramValues 对象

如果一个请求参数有多个值，可以使用 paramValues 对象获取请求参数的所有值，该对象用于返回请求参数所有值组成的数组。如果要获取某个请求参数的第一个值，可以使用如下代码：

```
${paramValues.nums[0]}
```

5）cookie 对象

在 JSP 开发中，经常需要获取客户端的 Cookie 信息。为此，在 EL 表达式中提供了 Cookie 隐式对象，该对象是一个代表所有 Cookie 信息的 Map 集合，Map 集合中元素的关键字为各个 Cookie 的名称，值则为对应的 Cookie 对象。具体示例如下。

（1）获取 cookie 对象的信息：

```
${cookie.userName}
```

（2）获取 cookie 对象的名称：

```
${cookie.userName.name}
```

（3）获取 cookie 对象的值：

```
${cookie.userName.value}
```

6）initParam 对象

在开发一个 Web 应用程序时，通常会在 web. xml 文件中配置一些初始化参数，为了方便获取这些参数，EL 表达式提供了一个 initParam 隐式对象，该对象可以获取 Web 应用程序中全局初始化参数。具体示例如下：

```
${initParam.count}
```

在 chapter06 目录下创建一个 pageContext. jsp 页面。使用 pageContext 对象获取 request、response、servletContext 和 servletConfig 对象中的属性。pageContext. jsp 的代码如下：

```
<%@ page language="java" contentType="text/html; charset=UTF-8"
    pageEncoding="UTF-8" isELIgnored="false" %>
<!DOCTYPE html>
<html>
```

```
<head>
  <meta charset="ISO-8859-1">
  <title>Insert title here</title>
</head>
<body>
请求 URI 为: ${pageContext.request.requestURI}<br />
Content-Type 响应头: ${pageContext.response.contentType}<br />
服务器信息为: ${pageContext.servletContext.serverInfo}<br />
Servlet 注册名为: ${pageContext.servletConfig.servletName}<br />
</body>
</html>

</body>
</html>
```

pageContext.jsp 页面的运行结果如图 6-2 所示。

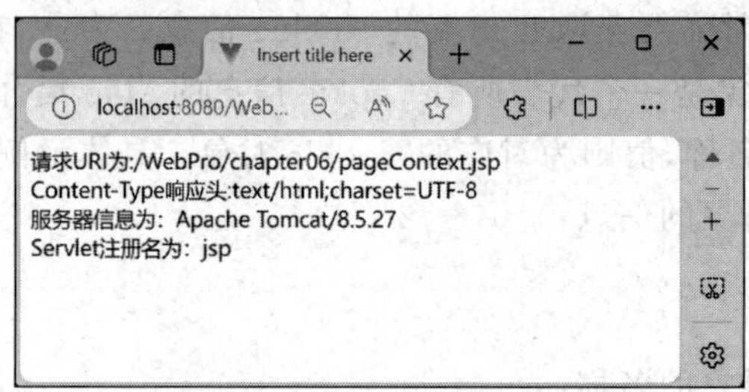

图 6-2　pageContext.jsp 页面的运行结果

在 chapter06 目录下创建一个 scopes.jsp 页面。使用 Web 域相关对象(pageScope、requestScope、sessionScope 和 ApplicationScope 等隐式对象)获取 JSP 对象域中的属性值。scopes.jsp 的代码如下:

```
<%@ page language="java" contentType="text/html; charset=UTF-8"
         pageEncoding="UTF-8" isELIgnored="false" %>
<!DOCTYPE html>
<html>
<head>
  <meta charset="ISO-8859-1">
  <title>Insert title here</title>
</head>
<body>
<% pageContext.setAttribute("userName","admin"); %>
<% request.setAttribute("bookName","Java 核心技术"); %>
<% session.setAttribute("userName","admins"); %>
<% application.setAttribute("bookName","Java web 应用开发"); %>
表达式\${pageScope.userName}的值为: ${pageScope.userName}<br />
表达式\${requestScope.bookName}的值为: ${requestScope.bookName}<br />
表达式\${sessionScope.userName}的值为: ${sessionScope.userName}<br />
表达式\${applicationScope.bookName}的值为: ${applicationScope.bookName}<br />
表达式\${userName}的值为: ${userName}
```

```
</body>
</html>
</body>
</html>
```

scopes. jsp 页面的运行结果如图 6-3 所示。

图 6-3　scopes. jsp 页面的运行结果

在 webapp 目录下创建一个 param. jsp 页面。使用 param 和 paramValues 对象获取客户端传递的请求参数。param. jsp 的代码如下：

```
<%@ page language="java" contentType="text/html; charset=UTF-8"
        pageEncoding="UTF-8" isELIgnored="false" %>
<!DOCTYPE html>
<html>
<head>
  <meta charset="ISO-8859-1">
  <title>Insert title here</title>
</head>
<body style="text-align:center;">
<form action="${pageContext.request.contextPath}/chapter06/param.jsp">
  书名:<input type="text" name="bookName1"><br />
  书名:<input type="text" name="bookName"><br />
  书名:<input type="text" name="bookName"><br /><br />
  <input type="submit" value="提交" />  <input type="submit" value=
  "重置" /><hr />
  书名:${param.bookName1}<br/>
  书名:${paramValues.bookName[0]}<br />
  书名:${paramValues.bookName[1]}<br />
</form>
</body>
</html>
```

param. jsp 页面的运行结果如图 6-4 所示。

在 chapter06 目录下创建一个 cookie. jsp 页面。使用 cookie 对象获取客户端 cookie 信息。cookie. jsp 代码如下：

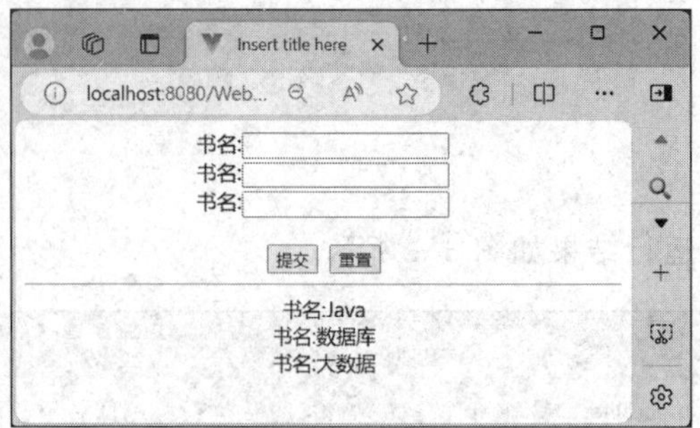

图 6-4　param. jsp 页面的运行结果

```
<%@ page language = "java" contentType = "text/html; charset = UTF - 8"
            pageEncoding = "UTF - 8" isELIgnored = "false" %>
<!DOCTYPE html>
<html>
<head>
  <meta charset = "ISO - 8859 - 1">
  <title> Insert title here </title>
</head>
<body>
Cookie 对象的信息:<br />
 ${cookie.userName}<br />
Cookie 对象的名称和值:<br />
 ${cookie.userName.name} = ${cookie.userName.value}
<% response.addCookie(new Cookie("userName","admin")); %>
</body>
</html>
```

由于浏览器第一次访问 cookie. jsp 页面,此时服务器还没有接收到名为 userName 的 Cookie 信息,因此浏览器不会显示。刷新浏览器第二次访问,则会出现结果,如图 6-5 所示。

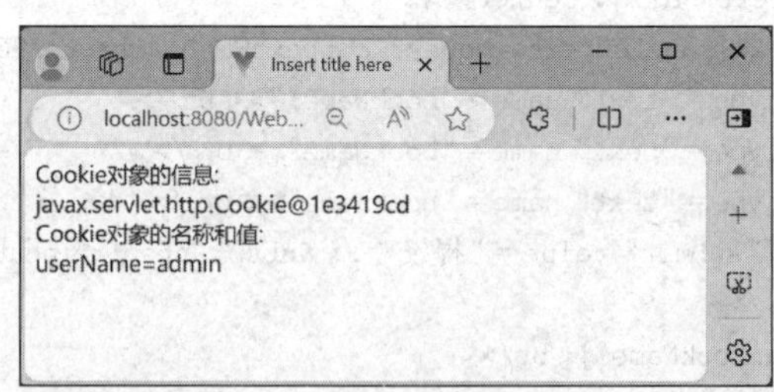

图 6-5　cookie. jsp 页面的运行结果

任务小结

EL 隐式对象按照使用途径的不同,可以分为与范围有关的隐含对象、与请求参数有关的隐含对象以及其他隐含对象。与范围有关的隐含对象包括 pageScope、requestScope、sessionScope 和 applicationScope; 与请求参数有关的隐含对象包括

param、paramValues；其他隐含对象有 pageContext、cookie 和 initParam。在学习过程中应注意 EL 中隐式对象的使用方法和作用范围。

任务 6.3 JSTL

任务描述

本任务主要通过案例介绍 JSTL 的 Core 标签库中常用标签的语法和使用。核心标签库中包含实现 Web 应用的通用操作标签。例如，输出变量内容的< c:out >签、用于条件判断的< c:if >标签、用于循环遍历的< c:forEach >标签等。

知识储备

1. JSTL 简介

JSTL 安装方法

JSTL(JavaServer Pages Standard Tag Library，JSP 标准标签库)是 JSP 的一套标准标签集合。它为开发人员提供了一系列的 JSP 标签，可应用于众多领域，如基本输入输出、流程控制、循环、XML 文件解析、数据库查询，以及国际化和文字格式标准化的应用等。

在 JSP 页面中使用 JSTL，首先需要安装 JSTL，安装方法见右侧二维码。

2. JSTL 标签库

JSTL 的优势在于其代码的复用性和维护性都非常强可使重复编写 JSP 页面代码的情况大大减少，从而提高了代码的可读性。同时，其标签语法与 XML 相似，这也方便前端人员的检查和参与修改。此外，它还提供了一个框架，用于使用集成 JSTL 的自定义标签。

JSTL 包含 5 类标准标签库，它们分别是核心标签库、国际化/格式化标签库、SQL 标签库、XML 标签库和函数标签库。在使用这些标签库之前，必须在 JSP 页面的顶部使用<%@ taglib %>指令定义引用的标签库和访问前缀。

JSTL 中的核心(Core)标签库是最常用的一个标签库，包含了一些常用的控制结构标签，如迭代、条件判断等。格式化标签库主要用于日期、数字的格式化及国际化。SQL 标签库主要用于在 JSP 中操作数据库，但需要注意的是，这个库已经被废弃。XML 标签库主要用于处理 XML 文档。函数标签库需要结合 EL 表达式使用，主要定义了一些字符串操作的方法。下面重点介绍 JSTL 中的核心(Core)标签库的引用指令格式和作用。

JSTL 中的核心(Core)标签库包含了一些常用的控制结构标签，如迭代、条件判断等。

1) < c:out >标签

语法 1：没有标签体的情况。

```
<c:out value = "value" [default = "defaultValue"]
  [escapeXml = "{true|false}"]/>
```

value 属性用于指定输出的文本内容，default 属性用于指定当 value 属性为 null 时所输出的默认值。

语法 2：有标签体的情况，在标签体中指定输出的默认值。

```
<c:out value = "value" [escapeXml = "{true|false}"]> defaultValue  </c:out>
```

escapeXml 用于指定是否将>、<、&、'、" 等特殊字符进行 HTML 编码转换后再进行输出，默认值为 true。

2) <c:if>标签

在程序开发中，需要使用 if 语句进行条件判断。如果要在 JSP 页面中进行条件判断，就需要使用 Core 标签库提供的<c:if>标签，用于完成 JSP 页面中的条件判断。

语法 1：没有标签体的情况。

```
<c:if test = "testCondition" var = "resulst"
  [scope = "{page|request|session|application}"]/>
```

test 用于设置逻辑表达式，var 用于指定逻辑表达式中变量的名字。

语法 2：有标签体的情况，在标签体中指定要输出的内容。

```
<c:if test = "testCondition" var = "resulst"
  [scope = "{page|request|session|application}"]>
body content
</c:if>
```

scope 用于指定 var 变量的作用范围，默认值为 page。如果 test 结果为 true，则执行标签体，否则不执行。

3) <c:choose>标签

Core 标签库提供了<c:choose>标签，用于指定多个条件选择的组合边界，它必须与<c:when>、<c:otherwise>标签一起使用。<c:choose>标签没有属性，在它的标签体中只能嵌套一个或多个<c:when>标签以及零个或一个<c:otherwise>标签，并且同一个<c:choose>标签中所有的<c:when>子标签必须出现在<c:otherwise>子标签之前，其语法格式如下：

```
<c:choose>
 Body content(<when> and <otherwise> subtags)
</c:choose>
```

4) <c:when>标签

<c:when>标签只有一个 test 属性，该属性的值为布尔类型。test 属性支持动态值，其值可以是一个条件表达式，如果条件表达式的值为 true，就执行这个<c:when>标签体的内容，其语法格式如下：

```
<c:when test = "testCondition"> Body content </c:when>
```

5）<c:otherwise>标签

<c:otherwise>标签没有属性，它必须作为<c:choose>标签最后的分支出现，当所有的<c:when>标签的test条件都不成立时，才执行和输出<c:otherwise>标签体的内容，其语法格式如下：

```
<c:otherwise> conditional block </c:otherwise>
```

6）<c:forEach>标签

在JSP页面中，经常需要对集合对象进行循环迭代操作，为此Core标签库提供了一个<c:forEach>标签。该标签专门用于迭代集合对象中的元素，如Set、List、Map、数组等，并且能重复执行标签体中的内容。

语法1：迭代包含多个对象的集合。

```
<c:forEach[var="varName"] items="collection" [varStatus="varStatusName"]
  [begin="begin"] [end="end"] [step="step"]>
    body content
</c:forEach>
```

var用于指定将当前迭代到的元素保存到page域中的名称，items用于指定将要迭代的集合对象，varStatus用于指定当前迭代状态信息的对象保存到page域中的名称。

语法2：迭代指定范围内的集合。

```
<c:forEach [var="varName"] [varStatus="varStatusName"] begin="begin"
    end="end" [step="step"]>
  body content
</c:forEach>
```

begin用于指定从集合中第几个元素开始进行迭代，begin的索引值从0开始。step用于指定迭代的步长，即迭代因子的增量。

任务实施

在chapter06目录下创建一个out1.jsp页面。使用<c:out>标签输出默认值，out1.jsp的代码如下：

```
<%@ page language="java" contentType="text/html; charset=UTF-8"
          pageEncoding="UTF-8" isELIgnored="false" %>
<%@ taglib uri="http://java.sun.com/jsp/jstl/core" prefix="c" %>
<!DOCTYPE html>
<html>
<head>
  <meta charset="ISO-8859-1">
  <title>Insert title here</title>
</head>
<body>
<%-- 第1个out标签 --%>
userName属性的值为:
```

```
<c:out value = " $ {param.username}" default = "unadmin"/><br />
<% -- 第 2 个 out 标签 -- %>
userName 属性的值为:
<c:out value = " $ {param.username}">
  unadmin
</c:out>
</body>
</html>
```

out1.jsp 页面的运行结果如图 6-6 所示。

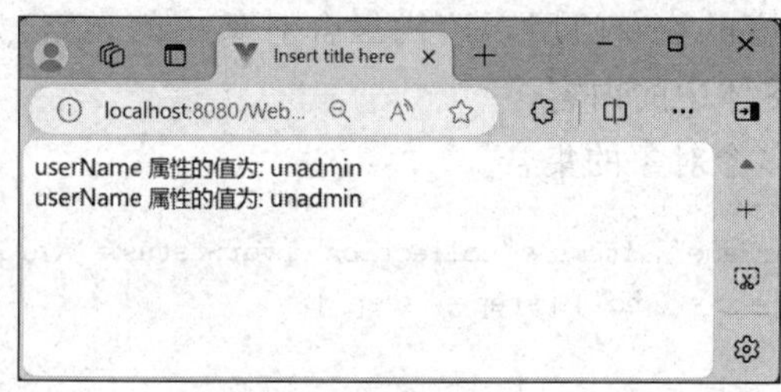

图 6-6　out1.jsp 页面的运行结果

在 chapter06 目录下创建一个 out2.jsp 页面。使用< c:out >标签的 escapeXml 属性对特殊字符进行转换。out2.jsp 的代码如下：

```
<%@ page language = "java" contentType = "text/html; charset = UTF - 8"
        pageEncoding = "UTF - 8" isELIgnored = "false" %>
<%@ taglib uri = "http://java.sun.com/jsp/jstl/core" prefix = "c" %>
<!DOCTYPE html>
<html>
<head>
</head>
<body>
<c:out value = " $ {param.username }" escapeXml = "false">
  <meta http - equiv = "refresh"
      content = "0;url = https://www.imeic.cn/"/>
</c:out>
</body>
</html>
```

out2.jsp 页面的运行结果如图 6-7 所示。

在 chapter06 目录下创建一个 if.jsp 页面。使用< c:if >标签完成 JSP 页面中的条件判断。if.jsp 的代码如下：

```
<%@ page language = "java" contentType = "text/html; charset = UTF - 8"
        pageEncoding = "UTF - 8" import = "java.util. * " isELIgnored = "false" %>
<%@ taglib uri = "http://java.sun.com/jsp/jstl/core" prefix = "c" %>
<!DOCTYPE html>
<html>
<head>
</head>
```

图 6-7 out2.jsp 页面的运行结果

```
<body>
<c:set value="1" var="visitCount" property="visitCount" />
<c:if test="${visitCount==1 }">
  Hello World!
</c:if>
</body>
</html>
```

if.jsp 页面的运行结果如图 6-8 所示。

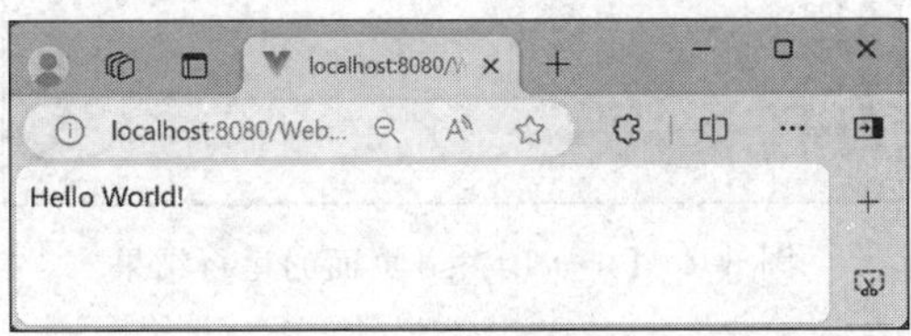

图 6-8 if.jsp 页面的运行结果

在 chapter06 目录下创建一个 foreach1.jsp 页面。使用< c:forEach >标签循环遍历数组和 Map 集合。foreach1.jsp 的代码如下：

```
<%@ page language="java" contentType="text/html; charset=UTF-8"
        pageEncoding="UTF-8" import="java.util.*" isELIgnored="false" %>
<%@ taglib uri="http://java.sun.com/jsp/jstl/core" prefix="c" %>
<!DOCTYPE html>
<html>
<head>
</head>
<body>
<% String[] fruits = { "red", "yellow", "blue", "green" }; %>
```

```
String 数组中的元素：
<br />
<c:forEach var="name" items="<%=fruits %>">
    ${name}<br />
</c:forEach>
<%
   Map userMap = new HashMap();
   userMap.put("春","123");
   userMap.put("夏","123");
   userMap.put("秋","123");
   userMap.put("冬","123");
 %>
<hr />
HashMap 集合中的元素：
<br/>
<c:forEach var="entry" items="<%=userMap%>">
    ${entry.key} ${entry.value}<br />
</c:forEach>
</body>
</html>
```

foreach1.jsp 页面的运行结果如图 6-9 所示。

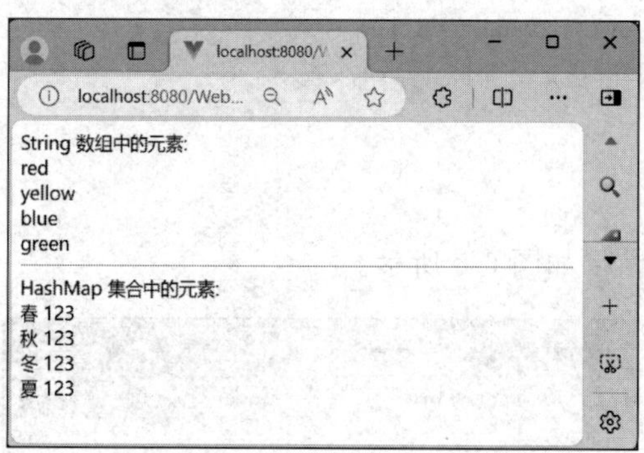

图 6-9　foreach1.jsp 页面的运行结果

在 chapter06 目录下创建一个 foreach2.jsp 页面。使用<c:forEach>标签中的 begin、end 和 step 属性。foreach2.jsp 的代码如下：

```
<%@ page language="java" contentType="text/html; charset=UTF-8"
             pageEncoding="UTF-8" import="java.util.*" isELIgnored="false" %>
<%@ taglib uri="http://java.sun.com/jsp/jstl/core" prefix="c" %>
<!DOCTYPE html>
<html>
<head>
</head>
<body>
colorsList 集合(指定迭代范围和步长)<br/>
<%
   List colorsList = new ArrayList();
```

```
  colorsList.add("red");
  colorsList.add("yellow");
  colorsList.add("blue");
  colorsList.add("green");
  colorsList.add("black");
 %>
<c:forEach var = "color" items = "<% = colorsList %>" begin = "1"
          end = "3" step = "2">
  ${color} 
</c:forEach>
</body>
</html>
```

foreach2.jsp 页面的运行结果 6-10 所示。

图 6-10　foreach2.jsp 页面的运行结果

在 chapter06 目录下创建一个 foreach3.jsp 页面。使用< c:forEach >标签中的 varStatus 属性获取集合中元素的状态信息。foreach3.jsp 的代码如下：

```
<%@ page language = "java" contentType = "text/html; charset = UTF - 8"
         pageEncoding = "UTF - 8" import = "java.util.* " isELIgnored = "false" %>
<%@ taglib uri = "http://java.sun.com/jsp/jstl/core" prefix = "c" %>
<!DOCTYPE html>
<html>
<head>
</head>
<body style = "text - align:center;">
<% List userList = new ArrayList();
  userList.add("春");
  userList.add("夏");
  userList.add("秋");
  userList.add("冬");
 %>
<table border = "1">
  <tr>
  <td>序号</td>
  <td>索引</td>
  <td>是否为第一个元素</td>
  <td>是否为最后一个元素</td>
  <td>元素的值</td>
  </tr>
```

```
    <c:forEach var = "name" items = "<% = userList %>" varStatus = "status">
      <tr>
        <td>${status.count}</td>
        <td>${status.index}</td>
        <td>${status.first}</td>
        <td>${status.last}</td>
        <td>${name}</td>
      </tr>
    </c:forEach>
  </table>
</body>
</html>
```

foreach3.jsp 页面的运行结果如图 6-11 所示。

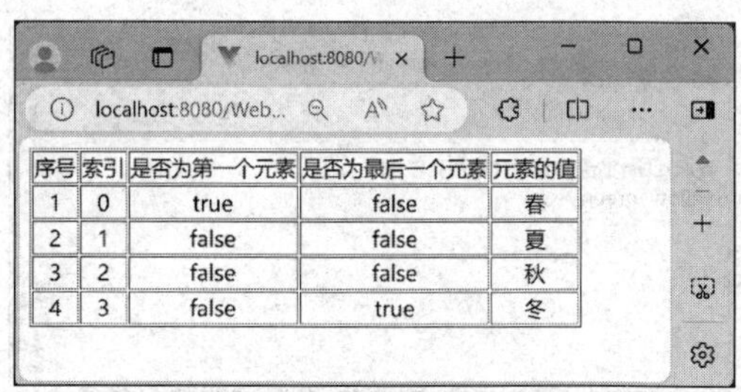

图 6-11　foreach3.jsp 页面的运行结果

本任务中使用了 JSTL 的 Core 标签库中的几个常用标签。在 Web 开发中使用 JSTL 提供的标签库，可以提高程序的可读性和易维护性。

习　　题

一、填空题

1. EL 表达式 ${user.name} 用于访问 JavaBean 的 ________属性。
2. 在 JSTL 中，<c:forEach> 标签用于遍历 ________类型的集合。
3. 在 JSP 页面中，要引入 JSTL 标签库，需要使用 ________指令。
4. EL 表达式 ${param.query} 用于获取 HTTP 请求参数中名为 ________的值。
5. 在 JSTL 中，<c:set> 标签用于在 ________范围内设置变量。
6. EL 表达式 ${empty list} 将评估为 ________（如果'list'是空的或者为 null）。
7. 在 JSTL 中，<c:out> 标签的 ________属性用于指定要输出的变量或表达式。
8. EL 表达式 ${10 * 2 + 3} 的计算结果为 ________。
9. JSTL 的 <c:choose>、<c:when> 和 <c:otherwise> 标签通常一起使用，以实现

________结构。

10. 在JSP页面中,可以使用EL的隐式对象 ________访问HTTP会话属性。

二、选择题

1. 在JSP页面中,(　　)表达式用于获取名为username的请求参数。

A. ${param.username}

B. ${request.getParameter("username")}

C. ${username}

D. ${param["username"]}

2. 下列(　　)选项不是EL表达式的特点。

A. 简化了JSP页面中Java代码的编写

B. 提供了对JavaBean属性的访问

C. 提供了对集合的遍历

D. 提供了复杂的逻辑判断

3. 在JSTL中,(　　)标签用于在JSP页面上输出文本内容。

A. <c:echo>　　B. <c:write>　　C. <c:output>　　D. <c:out>

4. 在JSTL中,<c:forEach>标签的var属性用于(　　)。

A. 指定要遍历的集合　　B. 指定当前迭代元素的索引

C. 指定当前迭代元素的变量名　　D. 指定迭代的步长

5. 在EL表达式中,${user.firstName}访问的是(　　)对象的属性。

A. 名为user的JavaBean的firstName属性

B. 名为firstName的JavaBean的user属性

C. 名为user的JSP页面的firstName属性

D. 名为firstName的JSP页面的user属性

6. 在JSTL中,(　　)标签用于在JSP页面上执行条件判断。

A. <c:if>　　B. <c:when>

C. <c:choose>　　D. <c:otherwise>

7. 以下(　　)不是EL的隐式对象。

A. pageContext　　B. request　　C. response　　D. session

8. 在JSTL中,<c:set>标签的scope属性用于指定变量的作用域,(　　)选项不是合法的scope值。

A. page　　B. request　　C. session　　D. response

9. EL表达式 ${"hello".toUpperCase()} 的结果是(　　)。

A. "HELLO"　　B. 编译错误

C. 运行时错误　　D. 没有任何输出

10. 在JSTL中,<c:choose>标签通常与(　　)标签一起使用以执行多路分支。

A. <c:if>和<c:else>

B. <c:when>和<c:otherwise>

C. <c:forEach>和<c:if>

D. <c:set>和<c:out>

三、判断题

1. EL 表达式 ${10 + 20} 在 JSP 页面中将被解析为 30。（　）

2. 在 JSP 页面中，JSTL 标签可以直接使用，无须任何额外的库或配置。（　）

3. EL 表达式 ${empty user.name} 用于检查 user.name 是否为 null 或空字符串。（　）

4. JSTL 的<c:forEach>标签可以用于遍历 List、Set 和 Map 等集合类型。（　）

5. 在 EL 表达式中，“.”和“[]”运算符用于访问对象的属性或数组的元素，二者功能完全相同。（　）

6. JSTL 的<c:out>标签和 EL 表达式 ${...} 在功能上完全相同。（　）

7. EL 表达式 ${param.username} 用于获取 HTTP 请求参数中名为"username"的值。（　）

8. 在 JSTL 中，<c:if>标签和 JSP 的<% if(...) {...} %>脚本片段在功能上完全相同。（　）

9. JSTL 的<c:set>标签可以用于在 JSP 页面中定义变量。（　）

10. EL 表达式 ${header['Accept-Language']} 用于获取 HTTP 请求头中"Accept-Language"的值。（　）

四、编程题

1. 在 JSP 页面中，使用 EL 和 JSTL 标签显示一个用户列表。用户列表存储在 request 作用域中的一个名为 users 的 ArrayList 中，每个用户都是一个包含 id、name 和 email 属性的 JavaBean。

2. 使用 EL 和 JSTL 标签在 JSP 页面中验证一个简单的登录表单。当用户名(username)和密码(password)都不为空时，显示“登录成功”的消息；否则，显示错误消息。

3. 在 JSP 页面中，使用 EL 和 JSTL 标签显示一个购物车中的商品列表。购物车中的商品存储在 session 作用域中的一个名为 cart 的 HashMap 中，其中 key 是商品的 id(String 类型)，value 是商品对象(JavaBean，包含 id、name、price 属性)。计算并显示购物车中商品的总价。

模块七 MVC 开发模式

MVC(model-view-controller,模型-视图-控制器)是 Java Web 应用开发中的核心设计模式,它通过明确划分应用程序的职责,实现了业务逻辑、数据展示和用户交互的解耦。在本模块中,将通过构建一个图书管理系统深入理解 MVC 开发模式。通过学习这个系统,掌握如何使用 MVC 开发模式构建结构清晰、易于维护的 Java Web 应用系统。

学习目标

(1) 理解 MVC 开发模式的基本概念和原理,明确其在 Java Web 应用开发中的作用和优势。

(2) 掌握 MVC 模式中的 Model、View、Controller 三个组件的职责和交互方式。

(3) 通过图书管理系统的案例实践,熟悉 MVC 模式在 Java Web 项目中的具体实现过程。

素质目标

(1) 能够独立设计并实现基于 MVC 模式的 Java Web 应用系统的基本框架。

(2) 培养系统设计和架构分析的能力,形成从全局角度思考问题的习惯。

(3) 提升团队协作和沟通能力,理解 MVC 模式在团队开发中的应用价值。

(4) 增强解决问题的能力,面对复杂问题时能够灵活应用 MVC 模式进行拆解和重构。

(5) 能够运用 MVC 模式优化现有 Java Web 应用系统的结构和性能,提高系统的可维护性和可扩展性。

任务 7.1 认识 MVC 开发模式

在本任务中,将学习 MVC 开发模式,以及这种开发模式的原理。

1. MVC 开发模式概述

MVC 模式是软件工程中的一种经典软件架构模式。这种模式的核心思想是将应用程序的逻辑、数据和界面显示分离，使得代码结构更加清晰，可维护性、可扩展性和可重用性大大提高。

在 MVC 模式中，Model（模型）是应用程序的核心部分，包含所有的业务数据和业务逻辑。它负责处理数据，执行计算和操作，并维护数据的完整性和一致性。Model 不依赖于 View 和 Controller，这意味着它可以被多个视图共享，从而提高代码的重用性。

View（视图）是用户与应用程序进行交互的界面。它负责数据的展示，并根据用户的输入更新显示。View 从 Model 中获取数据，但并不知道数据的来源或处理方式。这种分离使得 View 可以更加专注于界面的设计和用户交互的实现。

Controller（控制器）是 Model 和 View 之间的协调者。它接收用户的输入，决定如何处理这些输入，并调用相应的 Model 进行数据处理。Controller 还根据 Model 返回的数据选择合适的 View 进行展示。Controller 使得 View 和 Model 之间的交互更加灵活和可控。

MVC 模式的优点在于它实现了关注点分离（separation of concerns），即将不同的功能划分到不同的组件中。这使代码更加模块化，可维护性和可测试性更高。同时，MVC 模式还提高了代码的重用性，这是因为 Model、View 和 Controller 可以独立开发和测试，并且可以在多个应用程序之间共享。

此外，MVC 模式还提高了应用程序的灵活性和可扩展性。当需要添加新功能或修改现有功能时，只需在相应的组件中进行修改，无须修改整个应用程序。这大大降低了修改代码的风险和成本。

2. MVC 组件的功能

1）模型（Model）

模型的功能如下。

（1）负责处理数据的读取、存储和操作。

（2）定义了应用程序的数据结构和业务逻辑。

（3）封装了数据状态和业务规则，这是 MVC 模式中的核心部分。

2）视图（View）

视图的功能如下。

（1）负责数据的展示和用户的交互。

（2）从模型中获取数据，并以用户友好的方式呈现。

（3）不包含业务逻辑，只负责显示。

3）控制器（Controller）

控制器的功能如下。

（1）负责接收用户的输入（如单击按钮、输入文本等）。

（2）根据用户请求，调用相应的模型处理数据。

（3）选择合适的视图展示处理后的数据。

（4）控制器是模型和视图之间的桥梁，协调两者的交互。

3. MVC 开发模式的工作原理

MVC 开发模式的工作原理是通过将应用程序的逻辑、数据和界面显示分离成三个独立的组件——Model、View 和 Controller，实现关注点分离和模块化开发。这种模式使得代码结构更加清晰、易于维护和扩展，提高了应用程序的灵活性和可重用性。

1）初始化与准备阶段

在 MVC 模式的应用程序中，首先会进行初始化操作，包括加载和配置 Model、View 和 Controller 组件。在这一阶段，通常会创建 Model 的数据模型，初始化 View 的显示界面，以及设置 Controller 的初始状态。

2）用户交互阶段

当用户与应用程序进行交互时，如单击按钮、输入文本等，这些用户操作会被触发并传递给 Controller。Controller 是 MVC 中的核心协调者，它负责接收用户的输入。

3）请求处理阶段

Controller 接收到用户的请求后，会根据请求的类型和内容决定如何处理。它可能会直接处理一些简单的请求，如页面跳转等。对于需要处理数据的请求，Controller 会调用 Model 执行相应的操作。

4）模型处理阶段

Model 是 MVC 中的数据处理中心，它包含了应用程序的业务数据和业务逻辑。当 Controller 调用 Model 时，Model 会根据请求执行相应的操作，如查询数据库、执行计算等。操作完成后，Model 会将结果返回给 Controller。

5）视图渲染阶段

Controller 在接收到 Model 返回的数据后，会根据数据的类型和内容选择合适的 View 进行渲染。View 负责将数据以用户友好的方式展示给用户。在渲染过程中，View 可能会调用一些辅助函数或模板格式化数据，使其更加易于阅读和理解。

6）用户反馈阶段

当用户看到 View 渲染后的结果时，可能会进行进一步的交互操作。这些操作会再次被 Controller 接收并处理，从而形成一个循环的交互过程。

在整个 MVC 模式的运行过程中，Model、View 和 Controller 之间通过接口或协议进行通信，确保数据的正确传递和处理。同时，MVC 模式还允许开发人员对这三个组件进行独立开发和测试，提高了开发效率和代码质量。

任务实施

通过网络资源，查阅 MVC 开发模式的相关知识，进一步理解 MVC 的基本原理，并撰写相关的文档笔记。

任务小结

在实际使用 MVC 进行项目开发时，不仅要掌握 MVC 开发模式的核心技术，还要意识到在实际项目中，团队协作、需求分析、系统设计等方面的重要性，为今后的学习和工作积累宝贵的经验和参考。

任务 7.2 图书管理系统需求分析及设计

任务描述

本任务将主要介绍该图书管理系统的具体功能，以及对该系统数据表、程序结构的设计。

知识储备

1. 需求分析

该图书管理系统主要对图书进行增、删、改、查等操作，涉及的功能如下。

(1) 查询所有图书的信息。包括书号、书名、作者、出版社、价格等信息，还可以根据书号、书名或作者信息查询图书。

(2) 添加图书信息。

(3) 修改图书信息。

(4) 删除图书信息。

2. 数据库设计

该系统中只需要一张涉及图书信息的表。

采用 MySQL 作为后台数据库存取数据，建立一个名称为 bookinfo 的数据表，具体的表结构如表 7-1 所示。

表 7-1 图书信息表 bookinfo 的表格结构

字段名	类型	是否为主键	是否允许为空	描述
id	int	是	否	序号
bookname	varchar	否	否	书名
isbn	varchar	否	否	书号
author	varchar	否	否	作者
price	double	否	否	价格
publish	varchar	否	否	出版社
pic	varchar	否	否	缩略图
date	date	否	否	出版日期

任务实施

(1) 打开数据库可视化工具，创建一个数据库，数据库的名称为 webdb，如图 7-1 所示。

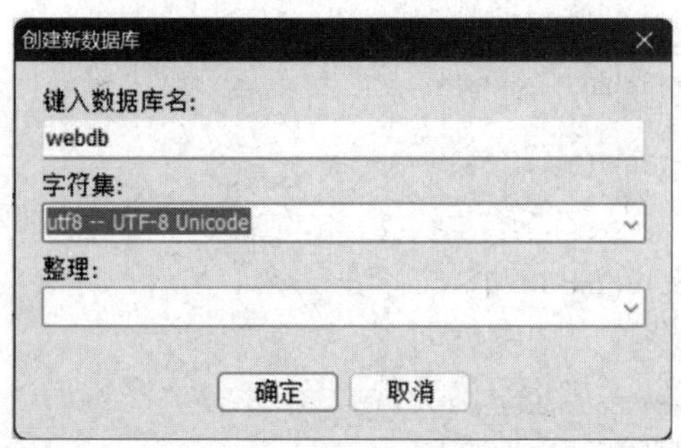

图 7-1　创建数据库 webdb

(2) 右击，创建数据表，如图 7-2 所示，其中 id 字段选择为自动递增，单击保存，数据表名称为 bookinfo。

名	类型	长度	十进位	允许空...
id	int	11	0	☐
isbn	varchar	255	0	☐
bookname	varchar	255	0	☐
author	varchar	255	0	☐
price	double	0	0	☐
publish	varchar	255	0	☐
pic	varchar	255	0	☐
date	date	0	0	☐

图 7-2　创建 bookinfo 数据表

(3) JavaBean 设计。针对一个应用系统进行 JavaBean 设计，要和实体表以及字段进行一一对应。在 WebPro 工程中，新建一个包，名称为 com.imeic.pojo。在该包下新建一个类，名称为 Book，用来封装数据表 bookinfo。具体代码如下：

```
package com.imeic.pojo;
public class Book {
  private String isbn;
  private int id;
  private String bookname;
  private String author;
  private double price;
  private String publish;
  private String pic;
  private String date;
  public Book(String isbn,String bookname, String author, double price, String publish,
  String pic, String date) {
    this.isbn = isbn;
    this.bookname = bookname;
    this.author = author;
    this.price = price;
```

```
    this.publish = publish;
    this.pic = pic;
    this.date = date;
  }
  public String getIsbn() {
    return isbn;
  }
  public void setIsbn(String isbn) {
    this.isbn = isbn;
  }
  public int getId() {
    return id;
  }
  public void setId(int id) {
    this.id = id;
  }
  public String getBookname() {
    return bookname;
  }
  public void setBookname(String bookname) {
    this.bookname = bookname;
  }
  public String getAuthor() {
    return author;
  }
  public void setAuthor(String author) {
    this.author = author;
  }
  public double getPrice() {
    return price;
  }
  public void setPrice(double price) {
    this.price = price;
  }
  public String getPublish() {
    return publish;
  }
```

任务小结

在本任务中，通过对图书管理系统的需求进行分析，得到数据表的结构，然后按照JavaBean的构建规则，创建封装图书信息表的图书类Book，便于后续对图书数据的操作。

任务7.3 图书管理系统相关工具类

任务描述

本任务主要分析在图书管理系统中使用的对数据库连接、状态对象的生成、数据库资源的释放以及对字符串编码进行处理的工具类和方法。

1. 数据库连接

图书管理系统使用了数据库连接工具类，以确保数据库连接的稳定性和高效性。该工具类可能包含了数据库连接的建立、关闭功能，以支持高并发环境下的数据库访问。在建立数据库连接的过程中，可能还包含了异常处理机制，用于处理连接失败等异常情况。

2. 状态对象的生成

在数据库操作中，状态对象（如查询结果集、事务状态等）的生成对于确保数据的一致性和完整性至关重要。系统中可能包含了一系列用于生成和管理这些状态对象的工具类和方法，如结果集封装类、事务管理器等。

3. 数据库资源的释放

为了避免资源泄露和性能下降，图书管理系统在数据库操作完成后，需要及时释放相关资源，如关闭结果集、关闭连接等。系统中应该包含了相应的工具类和方法，用于自动或手动地释放这些资源。这些工具类和方法应该具有健壮性，能够在各种情况下正确地释放资源，即使在出现异常时也能保证资源的正确释放。

4. 字符串编码处理

在数据库操作中，字符串编码的处理是一个重要环节，它关系到数据的正确存储和读取。系统中应该包含了用于处理字符串编码的工具类和方法，以确保在数据库存储和读取数据时能够使用正确的编码格式。这些工具类和方法可能包括字符集转换、编码检测、编码过滤等功能，以支持多语言环境下的数据库操作。

在工程 WebPro 中新建一个包，名称为 com. imeic. util，在该包下新建一个类，名称为 StringUtil，在这个类里定义了一个静态方法 getStr()，用于对一个字符串的编码进行修改，解决程序中出现的乱码问题。代码如下：

```
package com.imeic.util;
import java.io.UnsupportedEncodingException;
public class StringUtil {
  public static String getStr(String str) throws UnsupportedEncodingException {
    String s = new String(str.getBytes("iso - 8859 - 1"),"utf - 8");
    return s;
  }
}
```

接着，在该包下新建一个工具类，名称为 DBUtil，这个工具类里主要实现了对数据库的连接，对 Statement 和 PreparedStatement 对象的获得，以及对数据库资源的关闭方法。代码如下：

```
package com.imeic.util;
import java.sql.Connection;
import java.sql.DriverManager;
import java.sql.ResultSet;
import java.sql.*;
public class DBUtil {
  static String driver = "com.mysql.jdbc.Driver";
  static String url = "jdbc:mysql://localhost:3306/webdb?serverTimezone=GMT";
  static String username = "root";
  static String password = "123456";
  static Connection conn = null;
  static Statement stmt = null;
  static PreparedStatement preparedStatement = null;
  //获得连接对象
  public static Connection getConn(String driver, String url, String username, String password) throws ClassNotFoundException, SQLException {
    Class.forName(driver);
    conn = DriverManager.getConnection(url, username, password);
    if(conn == null)
      throw new SQLException("连接失败");
    return conn;
  }
  //获得 Statement 对象
  public static Statement getStmt() throws SQLException, ClassNotFoundException {
    conn = getConn(driver, url, username, password);
    stmt = conn.createStatement();
    return stmt;
  }
  //获得 PreparedStatement 对象
  public static PreparedStatement getPreparedStatement(String sql) throws SQLException, ClassNotFoundException {
    conn = getConn(driver, url, username, password);
    preparedStatement = conn.prepareStatement(sql);
    return preparedStatement;
  }
  //关闭连接、状态对象和结果集
  public static void close(Connection conn, Statement statemnt, ResultSet resultSet) throws SQLException {
    if (resultSet != null)
      resultSet.close();
    if (statemnt != null)
      statemnt.close();
    if (conn != null) {
      conn.close();
    }
  }
}
```

任务小结

本任务分析了图书管理系统中与数据库操作相关的工具类和方法，包括数据库连接管理、状态对象的生成、数据库资源的释放以及字符串编码处理等方面。这些工具类和方法为系统的稳定、高效运行提供了重要支持。

任务 7.4　图书管理系统 Dao 层的实现

任务描述

Web 应用系统中的 Dao 层，代表 MVC 模式中的 M(Model)模型层，主要用于处理系统中对数据表的操作，包括业务逻辑描述中数据的增、删、改、查等相关操作。

知识储备

在 Web 开发中，Dao 层的实现一般包括接口和实现类。例如，要对 Book 进行相关的数据库操作，就需要创建一个接口 BookDao，在该接口中要将所有业务逻辑中涉及的数据库操作封装成方法，接着需要创建该接口的实现类，实现类的名称一般定义为 BookDaoImpl。

任务实施

在工程中新建一个包，名称为 com.imeic.dao。在该包下新建一个接口，接口的名称为 BookDao，代码如下：

```
package com.imeic.dao;
import com.imeic.pojo.Book;
import java.sql.SQLException;
import java.util.List;
public interface BookDao {
  //添加图书
  public int insertBook(Book book) throws SQLException;
  //通过 id 查询书籍
  public Book getBookById(int id) throws SQLException, ClassNotFoundException;
  //更新书籍
  public int updateBook(Book book) throws SQLException;
  //删除书籍
  public int deleteBook(int id) throws SQLException;
  //查询所有书籍
  public List<Book> getAllBooks() throws SQLException;
}
```

接着创建一个包，名称为 com.imeic.dao.impl。在该包下主要创建 Dao 层的实现类，名称为 BookDaoImpl，代码如下：

```
package com.imeic.dao.impl;
import com.imeic.dao.BookDao;
import com.imeic.pojo.Book;
import com.imeic.util.DBUtil;
import java.sql.PreparedStatement;
import java.sql.ResultSet;
import java.sql.SQLException;
import java.sql.Statement;
import java.util.ArrayList;
import java.util.List;
public class BookDaoImpl implements BookDao {
  @Override
  public int insertBook(Book book) throws SQLException {
    String sql = "insert into bookinfo(isbn,bookname,author,price,publish,pic,date)
 values(?,?,?,?,?,?,?)";
    PreparedStatement ps = null;
    int n = 0;
    try {
      ps = DBUtil.getPreparedStatement(sql);
      ps.setString(1, book.getIsbn());
      ps.setString(2, book.getBookname());
      ps.setString(3, book.getAuthor());
      ps.setDouble(4, book.getPrice());
      ps.setString(5, book.getPublish());
      ps.setString(6, book.getPic());
      ps.setString(7, book.getDate());
      n = ps.executeUpdate();
    } catch (Exception e) {
      e.printStackTrace();
    } finally {
      DBUtil.close(null, ps, null);
      return n;
    }
  }
  @Override
  public Book getBookById(int id) throws SQLException, ClassNotFoundException {
    Book book = new Book();
    String sql = "select * from bookinfo where id=?";
    PreparedStatement ps = null;
    ps = DBUtil.getPreparedStatement(sql);
    ps.setInt(1, id);
    ResultSet rs = ps.executeQuery();
    rs.next();
    book.setId(rs.getInt("id"));
    book.setPublish(rs.getString("publish"));
    book.setPrice(rs.getDouble("price"));
    book.setBookname(rs.getString("bookname"));
```

```
      book.setAuthor(rs.getString("author"));
      book.setIsbn(rs.getString("isbn"));
      book.setPic(rs.getString("pic"));
      book.setDate(rs.getString("date"));
      DBUtil.close(null, ps, rs);
      return book;
    }
    @Override
    public int updateBook(Book book) throws SQLException {
      String sql = "update bookinfo set bookname = ?, author = ?, price = ?, publish = ?, isbn = ?, pic = ?, date = ? where id = ?";
      int n = 0;
      PreparedStatement ps = null;
      try  {
        ps = DBUtil.getPreparedStatement(sql);
        ps.setString(5, book.getIsbn());
        ps.setString(1, book.getBookname());
        ps.setString(2, book.getAuthor());
        ps.setDouble(3, book.getPrice());
        ps.setString(4, book.getPublish());
        ps.setString(6, book.getPic());
        ps.setString(7, book.getDate());
        ps.setInt(8,book.getId());
        n = ps.executeUpdate();
      } catch (SQLException throwables) {
        throwables.printStackTrace();
      } catch (ClassNotFoundException e) {
        e.printStackTrace();
      }finally {
        DBUtil.close(null, ps, null);
      }
      return n;
    }
    @Override
    public int deleteBook(int id) throws SQLException {
      String sql = "delete  from bookinfo where id = ?";
      int n = 0;
      PreparedStatement ps = null;
      try {
        ps = DBUtil.getPreparedStatement(sql);
        ps.setInt(1, id);
        n = ps.executeUpdate();
      }
      catch (SQLException | ClassNotFoundException e) {
        e.printStackTrace();
      }
      finally {
        DBUtil.close(null, ps, null);
      }
```

```
        return n;
    }
    @Override
    public List<Book> getAllBooks() throws SQLException {
        List<Book> books = new ArrayList<>();
        String sql = "select * from bookinfo";
        Statement stmt = null;
        ResultSet rs = null;
        try {
            stmt = DBUtil.getStmt();
            rs = stmt.executeQuery(sql);
            while (rs.next()){
                Book book = new Book();
                book.setId(rs.getInt("id"));
                book.setPublish(rs.getString("publish"));
                book.setPrice(rs.getDouble("price"));
                book.setBookname(rs.getString("bookname"));
                book.setAuthor(rs.getString("author"));
                book.setIsbn(rs.getString("isbn"));
                book.setPic(rs.getString("pic"));
                book.setDate(rs.getString("date"));
                books.add(book);
            }
        } catch (SQLException throwables) {
            throwables.printStackTrace();
        } catch (ClassNotFoundException e) {
            e.printStackTrace();
        }finally {
            DBUtil.close(null, stmt, rs);
        }
        return books;
    }
}
```

任务小结

在本任务中,我们深入探索了 Web 应用系统中 Dao 层的设计和实现。Dao 层作为 MVC 设计模式中的 Model 层的核心部分,承担了与数据库交互的重要功能,实现了数据的增删改查(CRUD)操作。

通过本任务,完成了以下工作。

(1) 定义 Dao 接口:根据业务需求,定义了相应的 Dao 接口,明确了数据操作的方法,如 insert()、update()、delete()、select()等。

(2) 实现 Dao 接口:使用 JDBC 实现了 Dao 接口的具体类。这些实现类封装了与数据库交互的底层细节,如 SQL 语句的编写、执行和结果集的映射。

(3) 错误处理:在 Dao 层中增加了异常处理逻辑,以捕获和处理可能出现的数据库错误,如 SQL 异常、连接异常等。

任务 7.5　图书管理系统——首页实现

任务描述

本任务主要实现图书管理系统的首页，包括导航栏、图片栏、图书信息显示等。

知识储备

在该任务中，主要应用<超链接>标签、<img>标签、<table>标签、<JSP>标签中的动作指令等，具体用到的代码如下：

```
<a href = "details.jsp?id = <% = bean.getId() %>">查看详情</a>
<img src = "<% = bean.getImageUrl() %>" alt = "Product Image">
<table>
  <tr>
    <td> ID </td>
    <td><% = bean.getId() %></td>
  </tr>
  <tr>
    <td> Name </td>
    <td><% = bean.getName() %></td>
  </tr>
  <!-- 更多行... -->
</table>
<jsp:useBean id = "bean" class = "com.example.MyBean" scope = "request" />
<jsp:setProperty name = "bean" property = "name" value = "${param.name}" />
<jsp:getProperty name = "bean" property = "name" />
<jsp:include page = "header.jsp" />
```

任务实施

在 webapp 目录下新建一个 chapter07 目录，新建三个 JSP 页面，分别是 top.jsp、pic.jsp、foot.jsp，并在 webapp 目录下新建一个 image 文件夹，用于存放图片。

top.jsp 的代码如下：

```
<%@ page contentType = "text/html;charset = UTF - 8" language = "java" isELIgnored = "false" %>
<html>
<head>
  <title> Title </title>
</head>
<body>
<center>
  <div style = "width: 900px;height: 30px;background - color: #817F68;">
```

```
    <table width = "800">
      <tr>
        <td><a href = "${pageContext.request.contextPath}/showBook">首页</a>
        </td>
        <td><a href = "${pageContext.request.contextPath}/chapter07/insertBook.
        jsp">添加图书</a></td>
        <td><a href = "${pageContext.request.contextPath}/showAllBookServlet">更
        新图书</a></td>
        <td><a href = "">联系我们</a></td>
      </tr>
    </table>
  </div>
</center>
</body>
</html>
```

top.jsp 页面的运行结果如图 7-3 所示。

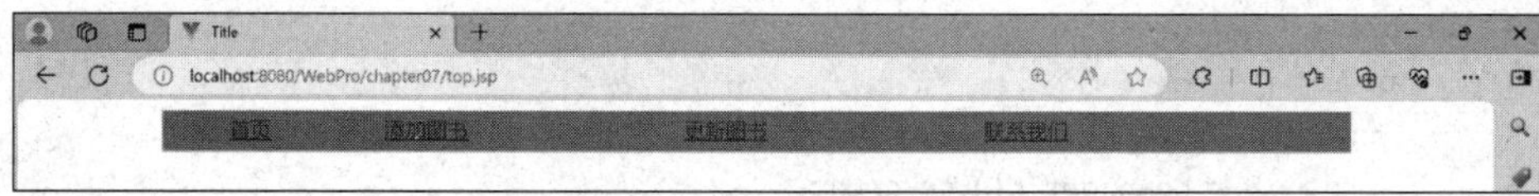

图 7-3　top.jsp 页面的运行结果

pic.jsp 的代码如下：

```
<%@ page contentType = "text/html;charset = UTF - 8" language = "java" isELIgnored =
"false" %>
<html>
<head>
  <title>Title</title>
</head>
<body>
<center>
<img  width = "900px" src = "${pageContext.request.contextPath}/image/back.jpg">
</center>
</body>
</html>
```

pic.jsp 页面的运行结果如图 7-4 所示。

图 7-4　pic.jsp 页面运行结果

foot.jsp 的代码如下：

```
<%@ page contentType="text/html;charset=UTF-8" language="java" %>
<html>
<head>
    <title>Title</title>
</head>
<body>
<center>
<div style="width:900px;height:200px;">
    <h5 align="center">地址:内蒙古呼和浩特市赛罕区苏尔干街8号    电话:0471-4909999</h5>
</div>
</center>
</body>
</html>
```

foot.jsp 页面的运行结果如图 7-5 所示。

图 7-5　foot.jsp 页面的运行结果

在首页中，还应显示所有的图书信息，如图 7-6 所示。

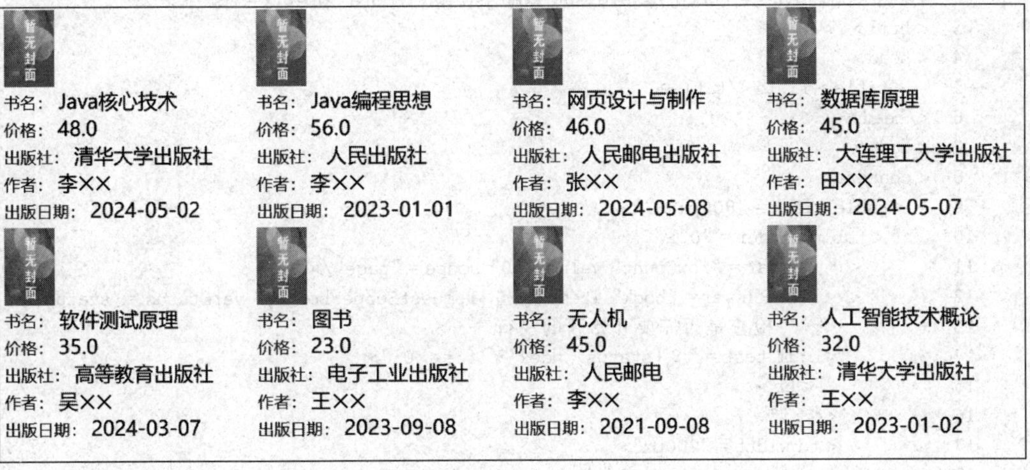

图 7-6　首页显示的所有图书信息

在 com.imeic.controller 新建一个 Servlet，名称为 ShowBook，代码如下：

```
package com.imeic.controller;
import com.imeic.dao.BookDao;
import com.imeic.dao.impl.BookDaoImpl;
import com.imeic.pojo.Book;
import javax.servlet.*;
import javax.servlet.annotation.WebServlet;
import javax.servlet.http.*;
import java.io.IOException;
import java.sql.SQLException;
import java.util.ArrayList;
```

```
import java.util.List;
@WebServlet("/showBook")
public class ShowBook extends HttpServlet {
  @Override
  protected void doGet (HttpServletRequest request, HttpServletResponse response)
  throws ServletException, IOException {
    BookDao dao = new BookDaoImpl();
    List<Book> books = new ArrayList<Book>();
    try {
      books = dao.getAllBooks();
      request.setAttribute("books",books);
      request.getRequestDispatcher("chapter07/main.jsp").forward(request,response);
    } catch (SQLException e) {
      e.printStackTrace();
    }
  }
}
```

在 chapter07 目录下新建一个 showAllBook.jsp,用于获取 ShowBook 这个 Servlet 传来的数据,并将数据按每行 4 列的方式显示。具体代码如下:

```
<%@ page contentType="text/html;charset=UTF-8" language="java" isELIgnored=
"false" %>
<%@ taglib uri="http://java.sun.com/jsp/jstl/core" prefix="c" %>
<html>
<head>
  <title>Title</title>
</head>
<body>
<center>
  <table width="800px">
    <table border="0">
      <c:set var="rowCount" value="0" scope="page"/>
      <c:forEach var="book" items="${requestScope.books}" varStatus="status">
        <!-- 检查是否需要开始新的一行 -->
        <c:if test="${status.index % 4 == 0}">
          <tr>
        </c:if>
        <td width="200px">
          <img width="40px" height="60px" src="${pageContext.request.
          contextPath}/image/${book.pic}"><br>
          <font size="2" color="red">书名:</font> ${book.bookname}<br>
          <font size="2" color="red">价格: </font>${book.price}<br>
          <font size="2" color="red">出版社: </font>${book.publish}<br>
          <font size="2" color="red">作者: </font>${book.author}<br>
          <font size="2" color="red">出版日期: </font>${book.date}<br>
        </td>
        <!-- 检查当前项是否是每行的最后一个 -->
        <c:if test="${status.index % 4 == 3 || status.last}">
          </tr>
          <c:set var="rowCount" value="${rowCount + 1}" scope="page"/>
        </c:if>
      </c:forEach>
```

```
        <!-- 如果集合的大小不是 4 的倍数,确保最后一行被正确关闭 -->
        <c:if test = "${status.index % 4 != 3}">
          </tr>
        </c:if>
      </td>
    </table>
</center>
</body>
</html>
```

在 chapter07 目录下新建一个 main.jsp,代码如下:

```
<%@ page contentType = "text/html;charset = UTF - 8" language = "java" isELIgnored =
"true" %>
<html>
<head>
  <title>Title</title>
</head>
<body>
<jsp:include page = "top.jsp"></jsp:include>
<jsp:include page = "pic.jsp"></jsp:include>
<jsp:include page = "showAllBook.jsp"></jsp:include>
<jsp:include page = "foot.jsp"></jsp:include>
</body>
</html>
```

启动 tomcat,在浏览器中运行 http://localhost:8080/WebPro/showBook,将显示图书管理系统的首页效果,如图 7-7 所示。

图 7-7　图书管理系统首页效果

任务小结

本任务成功实现了图书管理系统的首页设计,遵循 MVC 模式,确保了视图、控制器与模型的清晰分离。在开发过程中,需注重导航栏的交互性、图片栏的美观性以及图书信息的准确性。同时,需确保版权信息的合规性,为用户提供直观、友好的界面体验。

任务 7.6　图书管理系统——图书新增功能实现

任务描述

本任务旨在实现图书管理系统中图书新增的功能。

知识储备

通过 MVC 开发模式,用户可以在视图层输入图书信息,在控制器层接收并处理请求,将数据传递给模型层进行保存。确保系统具备高效的数据处理能力和良好的用户体验,同时保证数据的安全性和完整性。

任务实施

单击导航栏上的添加图书超链接,跳转到添加图书页面,如图 7-8 所示。

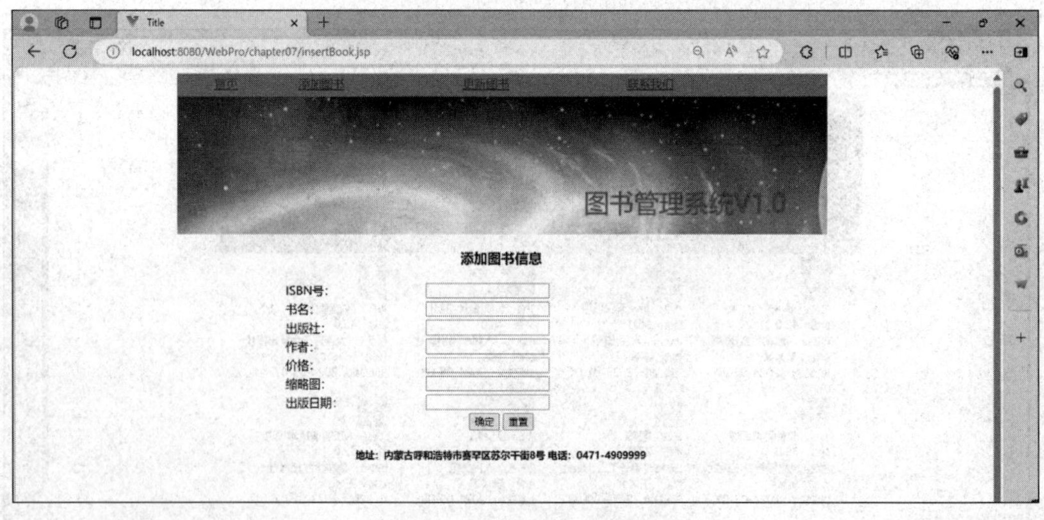

图 7-8　添加图书页面

在 chapter07 下新建一个 JSP,名称为 insertBook,代码如下:

```
<%@ page contentType = "text/html;charset = UTF - 8" language = "java" isELIgnored = "true" %>
```

```
<html>
<head>
  <title>Title</title>
</head>
<body>
<jsp:include page="top.jsp"></jsp:include>
<jsp:include page="pic.jsp"></jsp:include>
<form action="../insertBook" method="post">
  <center>
    <h3>添加图书信息</h3>
  <table width="600">
    <tr>
      <td>ISBN 号:</td>
      <td><input type="text" name="isbn"></td>
    </tr>
    <tr>
      <td>书名:</td>
      <td><input type="text" name="bookname"></td>
    </tr>
    <tr>
      <td>出版社:</td>
      <td><input type="text" name="publish"></td>
    </tr>
    <tr>
      <td>作者:</td>
      <td><input type="text" name="author"></td>
    </tr>
    <tr>
      <td>价格:</td>
      <td><input type="text" name="price"></td>
    </tr>
    <tr>
      <td>缩略图:</td>
      <td><input type="text" name="pic"></td>
    </tr>
    <tr>
      <td>出版日期:</td>
      <td><input type="text" name="date"></td>
    </tr>
    <tr>
      <td colspan="2" align="center"><input type="submit" value="确定">
        <input type="reset" value="重置"></td>
    </tr>
  </table>
  </center>
</form>
<jsp:include page="foot.jsp"></jsp:include>
</body>
</html>
```

在 com.imeic.controller 下新建一个 Servlet，名称为 InsertBookServlet，代码如下：

```
package com.imeic.controller;
import com.imeic.dao.BookDao;
import com.imeic.dao.impl.BookDaoImpl;
import com.imeic.pojo.Book;
import com.imeic.util.StringUtil;
import javax.servlet.*;
import javax.servlet.annotation.WebServlet;
import javax.servlet.http.*;
import java.io.IOException;
import java.sql.SQLException;
@WebServlet("/insertBook")
public class InsertBookServlet extends HttpServlet {
  @Override
  protected void doGet(HttpServletRequest request, HttpServletResponse response)
  throws ServletException, IOException {
  }
  @Override
  protected void doPost(HttpServletRequest request, HttpServletResponse response)
  throws ServletException, IOException {
    String bookname = request.getParameter("bookname");
    bookname = StringUtil.getStr(bookname);
    String author = request.getParameter("author");
    author = StringUtil.getStr(author);
    String temp = request.getParameter("price");
    double price = Double.parseDouble(temp);
    String isbn = request.getParameter("isbn");
    String publish = request.getParameter("publish");
    publish = StringUtil.getStr(publish);
    String date = request.getParameter("date");
    String pic = request.getParameter("pic");
    Book book = new Book(isbn, bookname, author, price, publish, pic, date);
    BookDao dao = new BookDaoImpl();
    int n = 0;
    try {
      n = dao.insertBook(book);
    } catch (SQLException e) {
      e.printStackTrace();
    }
    String msg = "";
    if(n > 0)
      msg = "添加成功";
    else
      msg = "添加失败";
    request.setAttribute("msg", msg);
    request.getRequestDispatcher("chapter07/result.jsp").forward(request, response);
  }
}
```

Servlet 通过调用 Dao 层中添加图书的方法，将结果存储在 request 域中，将响应跳转到 result.jsp 页面中，用于显示图书信息是否添加成功，如图 7-9 所示。

图 7-9 添加图书信息结果显示

result.jsp 的代码如下：

```
<%@ page contentType = "text/html;charset = UTF - 8" language = "java" isELIgnored =
"false" %>
<html>
<head>
  <title>Title</title>
</head>
<body>
<jsp:include page = "top.jsp"></jsp:include>
<jsp:include page = "pic.jsp"></jsp:include>
<script type = "text/javascript">
  alert('${msg}');
  window.location.href = "showBook"; //跳转到用户列表页面
</script>
<jsp:include page = "foot.jsp"></jsp:include>
</body>
</html>
```

任务小结

本任务成功实现了图书管理系统中图书新增的功能。通过 MVC 开发模式，确保了视图、控制器和模型之间的清晰分离和高效协作。用户可以在前端界面便捷地输入图书信息，系统能够迅速响应并存储数据。该功能不仅提升了系统的实用性，也增强了用户体验。

任务 7.7 图书管理系统——图书数据显示功能实现

任务描述

本任务将采用另外一种形式将图书数据全部显示，主要用于后续的图书修改和删除功能。

知识储备

在 MVC 开发模式下，为了实现图书数据的全部显示，并准备进行后续的修改和删除功能，需要利用模型（Model）定义图书数据模型，确保数据的封装性和安全性；视图

(View)通过 HTML 和 JSP 等技术构建用户界面,利用 JSP 标签或 EL 表达式从模型中获取图书数据并展示在网页上;控制器(Controller)负责接收用户请求,调用模型层处理数据(如查询图书列表),然后将结果传递给视图层进行展示。同时,控制器还要处理用户提交的修改或删除请求,更新模型数据。通过这种方式,MVC 模式为图书数据的清晰展示和便捷管理提供了坚实基础。

当单击导航栏中的更新图书超链接时,将跳转至图书数据显示页面,如图 7-10 所示。

图 7-10　图书数据显示页面

为了实现该功能,首先新建一个 showAllBookServle,然后新建一个 listBook.jsp。showAllBookServlet 的代码如下:

```
package com.imeic.controller;
import com.imeic.dao.BookDao;
import com.imeic.dao.impl.BookDaoImpl;
import com.imeic.pojo.Book;
import javax.servlet.*;
import javax.servlet.annotation.WebServlet;
import javax.servlet.http.*;
import java.io.IOException;
import java.sql.SQLException;
import java.util.List;
@WebServlet("/showAllBookServlet")
public class showAllBookServlet extends HttpServlet {
  @Override
    protected void doGet(HttpServletRequest request, HttpServletResponse response)
    throws ServletException, IOException {
```

```
        BookDao dao = new BookDaoImpl();
        List<Book> list = null;
        try {
           list = dao.getAllBooks();
        } catch (SQLException e) {
          e.printStackTrace();
        }
        //将 list 存入 request 域
        request.setAttribute("list",list);
          request.getRequestDispatcher("chapter07/listBook.jsp").forward(request, response);
    }
    @Override
    protected void doPost(HttpServletRequest request, HttpServletResponse response) throws ServletException, IOException {
    }
}
```

listBook.jsp 的代码如下：

```
<%@ page contentType="text/html;charset=UTF-8" language="java" isELIgnored="false" %>
<%@ taglib uri="http://java.sun.com/jsp/jstl/core" prefix="c" %>
<html>
<head>
  <title>Title</title>
</head>
<body>
<jsp:include page="top.jsp"></jsp:include>
<jsp:include page="pic.jsp"></jsp:include>
<center>
<table width="800px"border="1">
  <tr>
    <td align="center">编号</td>
    <td align="center">ISBN</td>
    <td align="center">书名</td>
    <td align="center">出版社</td>
    <td align="center">价格</td>
    <td align="center">作者</td>
    <td align="center">操作</td>
  </tr>
  <c:forEach var="book" items="${requestScope.list}" varStatus="status">
    <tr>
      <td>${book.id}</td>
      <td>${book.isbn}</td>
      <td>${book.bookname}</td>
      <td>${book.publish}</td>
      <td>${book.price}</td>
      <td>${book.author}</td>
      <td><a href="${pageContext.request.contextPath}/getBook?id=${book.id}">修改
```

```
        </a>
               <a href = "${pageContext.request.contextPath}/deleteBook?
            id = ${book.id}">删除</a></td>
        </tr>
    </c:forEach>
</table>
</center>
<jsp:include page = "foot.jsp"></jsp:include>
</body>
</html>
```

任务小结

本任务基于 MVC 模式，实现图书管理系统中图书信息的全面展示。通过 Model 处理数据，Controller 协调业务，View 呈现界面。在此过程中，引导学生珍视图书资源，培养自主学习和终身学习的习惯。通过系统实践，提升技术能力的同时，增强社会责任感。

任务 7.8　图书管理系统——图书修改功能实现

任务描述

本任务主要使用 MVC 开发模式完成图书的修改功能，包括返回要修改的图书的原始信息和修改后的结果。

知识储备

在 MVC 开发模式下完成图书修改功能，首先需要确保模型(Model)定义了图书的完整数据结构，包括用于存储和更新图书信息的属性和方法。视图(View)部分负责展示图书的原始信息，并提供一个表单供用户输入修改后的数据。控制器(Controller)负责接收用户提交的修改请求，调用模型层进行数据的验证和更新，然后将更新结果通过视图层反馈给用户。整个过程中，MVC 模式确保了数据的完整性、安全性以及用户界面的灵活性，使图书修改功能能够高效、稳定地运行。

任务实施

通过单击图 7-12 中的每一本图书后面的修改超链接，跳转到图书修改页面，该页面显示该图书的原始信息，并将信息回显到表单中，如图 7-11 所示。

当单击修改链接时，系统会携带图书 id 号跳转到 GetBookServlet，GetBookServlet 获取到图书 id 号后，将调用 dao 层中根据图书 id 号查询图书的方法，将得到的图书数据绑定在 request 域中，并跳转到 listBookById.jsp 页面中，在该页面中用表单的形式回显图书的信息。

图 7-11 图书信息回显页面

GetBookServlet 的代码如下：

```
package com.imeic.controller;
import com.imeic.dao.BookDao;
import com.imeic.dao.impl.BookDaoImpl;
import com.imeic.pojo.Book;
import javax.servlet.*;
import javax.servlet.annotation.WebServlet;
import javax.servlet.http.*;
import java.io.IOException;
import java.sql.SQLException;
@WebServlet("/getBook")
public class GetBookServlet extends HttpServlet {
  @Override
  protected void doGet(HttpServletRequest request, HttpServletResponse response)
  throws ServletException, IOException {
    BookDao dao = new BookDaoImpl();
    String id = request.getParameter("id");
    Book book = new Book();
    try {
      book = dao.getBookById(Integer.parseInt(id));
    } catch (SQLException e) {
      e.printStackTrace();
    } catch (ClassNotFoundException e) {
      e.printStackTrace();
    }
    request.setAttribute("book",book);
     request.getRequestDispatcher("chapter07/listBookById.jsp").forward(request,
     response);
```

```
    }
    @Override
    protected void doPost(HttpServletRequest request, HttpServletResponse response)
    throws ServletException, IOException {
    }
}
```

listBookById.jsp 的代码如下：

```
<%@ page contentType="text/html;charset=UTF-8" language="java" isELIgnored=
"false" %>
<html>
<head>
  <title>Title</title>
</head>
<body>
<jsp:include page="top.jsp"></jsp:include>
<jsp:include page="pic.jsp"></jsp:include>
<form action="${pageContext.request.contextPath}/updateBook" method="post">
  <center>
    <h3>修改图书信息</h3>
    <input type="hidden" name="id" value="${requestScope.book.id}">
    <table width="600">
      <tr>
        <td>ISBN 号:</td>
        <td><input type="text" name="isbn" value="${requestScope.book.isbn}">
        </td>
      </tr>
      <tr>
        <td>书名:</td>
        <td><input type="text" name="bookname" value="${requestScope.book.
        bookname}"></td>
      </tr>
      <tr>
        <td>出版社:</td>
        <td><input type="text" name="publish" value="${requestScope.book.
        publish}"></td>
      </tr>
      <tr>
        <td>作者:</td>
        <td><input type="text" name="author" value="${requestScope.book.
        author}"></td>
      </tr>
      <tr>
        <td>价格:</td>
          <td><input type="text" name="price" value="${requestScope.book.
          price}"></td>
      </tr>
      <tr>
        <td>缩略图:</td>
```

```
            <td><input type="text" name="pic" value="${requestScope.book.pic}"></td>
        </tr>
        <tr>
            <td>出版日期:</td>
            <td><input type="text" name="date" value="${requestScope.book.date}"></td>
        </tr>
        <tr>
            <td colspan="2" align="center"><input type="submit" value="确定">
              <input type="reset" value="重置"></td>
        </tr>
      </table>
    </center>
</form>
<jsp:include page="foot.jsp"></jsp:include>
</body>
</html>
```

在 listBookById.jsp 页面的表单中修改图书的信息，单击确定后，提交请求到 UpdateBookSevlet 中。UpdateBookSevlet 获取到图书信息后，调用 dao 层中的图书信息修改方法，完成修改操作后，将修改的结果存储在 request 域中，跳转到 request.jsp 页面。UpdateBookSevlet 的代码如下：

```
package com.imeic.controller;
import com.imeic.dao.BookDao;
import com.imeic.dao.impl.BookDaoImpl;
import com.imeic.pojo.Book;
import com.imeic.util.StringUtil;
import javax.servlet.*;
import javax.servlet.annotation.WebServlet;
import javax.servlet.http.*;
import java.io.IOException;
import java.sql.SQLException;
@WebServlet("/updateBook")
public class UpdateBookSevlet extends HttpServlet {
  @Override
  protected void doGet(HttpServletRequest request, HttpServletResponse response) throws ServletException, IOException {
    String id = request.getParameter("id");
    String bookname = request.getParameter("bookname");
    bookname = StringUtil.getStr(bookname);
    String author = request.getParameter("author");
    author = StringUtil.getStr(author);
    String temp = request.getParameter("price");
    double price = Double.parseDouble(temp);
    String isbn = request.getParameter("isbn");
    String publish = request.getParameter("publish");
```

```
        publish = StringUtil.getStr(publish);
        String date = request.getParameter("date");
        String pic = request.getParameter("pic");
        Book book = new Book(isbn, bookname, author, price, publish, pic, date);
        book.setId(Integer.parseInt(id));
        System.out.println(book.toString());
        BookDao dao = new BookDaoImpl();
        int n = 0;
        try {
          n = dao.updateBook(book);
        } catch (SQLException e) {
          e.printStackTrace();
        }
        String msg = "";
        if (n > 0)
          msg = "修改成功";
        else
          msg = "修改失败";
        request.setAttribute("msg", msg);
        request.getRequestDispatcher("chapter07/result.jsp").forward(request, response);
    }
    @Override
    protected void doPost(HttpServletRequest request, HttpServletResponse response) throws ServletException, IOException {
        doGet(request, response);
    }
}
```

图书信息修改成功页面如图 7-12 所示。

图 7-12　图书信息修改成功页面

任务小结

在开发图书管理系统的图书修改功能时，成功应用了 MVC 开发模式，实现了业务逻辑与视图界面的清晰分离。通过使用表单中的隐藏域传递图书的 id 号，确保了数据传递的准确性和安全性。该功能的实现提高了系统的灵活性和用户体验，使用户能够方便地修改图书信息，同时保证了系统数据的一致性和完整性。

任务 7.9　图书管理系统——图书删除功能实现

任务描述

本任务将根据图书的 id 号实现图书信息的删除功能。

知识储备

在实现图书信息的删除功能时，MVC 开发模式依然起着核心作用。首先，模型(Model)层将包含图书数据的管理逻辑，包括根据 id 删除图书的方法。视图(View)层将提供一个界面，允许用户通过输入或选择图书 id 发起删除请求。控制器(Controller)层将接收这个请求，调用模型层中的删除方法，并处理可能出现的异常。一旦图书信息被成功删除，控制器将通过重定向到一个新的视图页面或更新当前页面的显示向用户反馈删除结果。这种设计确保了业务逻辑与用户界面的分离，提高了代码的可维护性和可扩展性。

任务实施

通过单击图 7-12 中的每一本图书后面的删除超链接，跳转到删除图书的 Servlet 中。跳转时，系统将图书 id 号传递给 DeleteBookServlet，在 Servlet 中获取 id 号，并调用 dao 层中删除图书信息的方法，完成图书信息的删除功能。DeleteBookServlet 的代码如下：

```
package com.imeic.controller;
import com.imeic.dao.BookDao;
import com.imeic.dao.impl.BookDaoImpl;
import javax.servlet.*;
import javax.servlet.annotation.WebServlet;
import javax.servlet.http.*;
import java.io.IOException;
import java.sql.SQLException;
@WebServlet("/deleteBook")
public class DeleteBookServlet extends HttpServlet {
  @Override
  protected void doGet(HttpServletRequest request, HttpServletResponse response)
  throws ServletException, IOException {
    String id = request.getParameter("id");
    BookDao dao = new BookDaoImpl();
    int n = 0;
    String msg = "";
    try {
      n = dao.deleteBook(Integer.parseInt(id));
    } catch (SQLException e) {
      e.printStackTrace();
```

```
        }
        if(n>0)
          msg="删除成功";
        else
          msg="删除失败";
        request.setAttribute("msg",msg);
        request.getRequestDispatcher("chapter07/result.jsp").forward(request,response);
      }
      @Override
      protected void doPost(HttpServletRequest request, HttpServletResponse response)
      throws ServletException, IOException {
      }
    }
```

图书信息删除成功的页面如图 7-13 所示。

图 7-13 图书信息删除成功页面

在开发图书管理系统的图书信息删除功能时，遵循 MVC 开发模式，实现了业务逻辑与视图界面的清晰分离。为了安全有效地传递图书的 id 号，采用了 URL 重写的方式，将 id 号嵌入超链接中，确保了数据传输的便捷性和安全性。此功能的成功实现，不仅提升了系统管理的便捷性，也进一步增强了系统的数据管理能力，为用户提供了更加完善的图书管理服务。

习　　题

一、填空题

1. 在 MVC 设计模式中，________ 是应用程序的状态(数据)和业务的规则。

2. ________组件负责将数据以某种形式呈现给用户。

3. 在 Spring MVC 框架中，________ 是前端控制器，负责接收请求并调度适当的处理程序。

4. 在 Java Web 开发中，________ 注解用于将一个方法映射为一个处理 HTTP 请求的控制器方法。

5. 在 JSP 中，________ 标签库用于 JSP 页面与后端 Java 代码进行交互。

6. Spring MVC 中的 ModelAndView 对象用于携带数据和视图名称，其中________

属性用于指定视图名称。

7. 在MVC框架中，当Model数据发生改变时，________将自动更新以反映这些更改。

8. MVC模式的一个重要优点是它允许开发人员将应用程序的________、________和________分离，从而提高了代码的可维护性和重用性。

二、选择题

1. 在MVC架构中，(　　)负责处理用户输入并决定如何响应。
A. Model　B. View　C. Controller　D. 以上都不是

2. 在MVC架构中，(　　)是关于Model层。
A. 展示数据给用户　B. 处理用户输入
C. 存储和管理数据　D. 渲染页面

3. JSP通常在(　　)中起作用。
A. Model　B. View
C. Controller　D. 可以是View或Controller

4. 在MVC架构中，Servlet通常充当(　　)角色。
A. Model　B. View　C. Controller　D. 都不是

5. (　　)是MVC架构的主要优势。
A. 提高了代码的可读性
B. 简化了数据库操作
C. 提高了应用程序的可维护性和可扩展性
D. 提高了应用程序的安全性

6. 在MVC架构中，Model和View之间的通信通常是通过(　　)实现的。
A. 直接方法调用　B. 控制器
C. 静态变量　D. 数据库

7. 在Java Web应用程序中，Model通常包含(　　)元素。
A. JSP页面　B. Servlet
C. 业务逻辑和数据　D. HTML和CSS

8. 在MVC架构中，将逻辑、数据和表示层分开的目的是(　　)。
A. 为了提高应用程序的安全性　B. 为了简化数据库操作
C. 为了使代码更易于理解和维护　D. 为了减少内存使用

9. 在MVC架构中，当数据发生变化时，(　　)层会通知其他层。
A. Model　B. View　C. Controller　D. 都需要

10. (　　)技术不是MVC架构的一部分。
A. Spring MVC　B. Struts　C. Hibernate　D. JSF

三、判断题

1. JSP通常作为MVC架构中的Model层。(　　)
2. 在MVC架构中，Model层不依赖于View层或Controller层。(　　)
3. Servlet在MVC架构中只能作为Controller层。(　　)

4. MVC 架构的主要目的是提高代码的可读性和可维护性。（　）
5. 在 MVC 架构中，Model 层通常包含业务逻辑和数据。（　）
6. 在 MVC 架构中，View 层可以直接访问 Model 层的数据。（　）
7. Spring MVC 是一个基于 Java 的 MVC 框架。（　）
8. 在 MVC 架构中，Controller 层不应该包含任何业务逻辑。（　）

四、编程题

1. 设计一个简单的学生信息管理系统，使用 MVC 架构。其中，Model 部分包括学生实体类（Student）和学生数据访问层（StudentDAO）；View 部分是一个 JSP 页面，用于展示学生列表；Controller 部分是一个 Servlet，用于处理请求并调用 Model 和 View。

2. 在 MVC 架构中，为上一题的学生信息管理系统增加一个学生添加功能。用户可以通过表单提交学生的信息，Controller 接收这些信息并调用 Model 层的方法，将学生信息保存到“数据库”。

参 考 文 献

[1] 白文荣，王晓燕. Java 核心技术[M]. 北京：清华大学出版社，2023.
[2] 软件开发技术联盟. Java Web 自学视频教程[M]. 北京：清华大学出版社，2014.
[3] 李俊青. Java Web 程序设计[M]. 4 版. 大连：大连理工大学出版社，2023.
[4] 张婵，罗佳. Java Web 应用开发项目化教程[M]. 北京：清华大学出版社，2023.